Umesh Kumar
Diwakar Padalia

Compósitos de polímeros

Umesh Kumar
Diwakar Padalia

Compósitos de polímeros

Efeitos de dopagem

ScienciaScripts

Imprint

Cover image: www.ingimage.com

This book is a translation from the original published under ISBN 978-620-7-46959-8.

Publisher:
Sciencia Scripts
is a trademark of
Dodo Books Indian Ocean Ltd. and OmniScriptum S.R.L publishing group

120 High Road, East Finchley, London, N2 9ED, United Kingdom
Str. Armeneasca 28/1, office 1, Chisinau MD-2012, Republic of Moldova, Europe
Printed at: see last page
ISBN: 978-620-7-95384-4

Conteúdo

DEDICADO
TO
O MEU FALECIDO AVÔ
SH. AMICHAND BADGUJAR

CAPÍTULO-1

INTRODUÇÃO

Os materiais, simples ou compostos, desempenham sempre um papel vital na sociedade humana. As provas da importância do papel dos materiais estão presentes nas eras pré-históricas, que receberam o nome dos novos materiais que as definiram, como a Idade da Pedra, a Idade do Ferro e a Idade do Bronze. Agora, se dissermos que a era atual é a era dos materiais avançados ou a era dos nanomateriais, não é errado. O notável financiamento do desenvolvimento recente de instrumentos modernos para a síntese e caraterização de materiais abriu caminho para o rápido crescimento da nanociência e da nanotecnologia. Nas últimas duas décadas, a nanociência e a nanotecnologia tornaram-se um domínio emergente com componentes fundamentais e aplicadas que envolvem a sociedade humana. A nanociência tem uma caraterística importante que é a de ligar o fosso dimensional entre a escala atómica das ciências básicas e a escala microestrutural do fabrico e da engenharia.

1.1 NANOCIÊNCIA E NANOTECNOLOGIA

Os domínios da nanociência e da nanotecnologia cresceram muito rapidamente na última década, uma vez que existe uma disponibilidade crescente de técnicas de síntese de nanomateriais e de ferramentas de caraterização. Assim, é possível compreender melhor as propriedades dependentes do tamanho, como as propriedades eléctricas, magnéticas, mecânicas e ópticas de diferentes materiais. As nanoestruturas também permitem a simulação e a modelação por computador devido à sua pequena dimensão. A nanociência ocupa-se do estudo de fenómenos e da manipulação de materiais a uma escala ultra pequena (escala atómica e molecular), cujas propriedades divergem significativamente das de uma escala maior. Assim, a nanociência é a ciência das coisas pequenas, especialmente das coisas que têm uma dimensão inferior a cem nanómetros e que são designadas por nanomateriais. O nanómetro é um ponto especial na escala de comprimento em que os dispositivos mais pequenos fabricados pelo homem se encontram com os átomos e as moléculas do mundo natural. Assim, a nanociência pode ser qualquer coisa que tenha, pelo menos, uma dimensão inferior a cem nanómetros. A Fig.1.1 apresenta uma visão aérea do nanómetro.

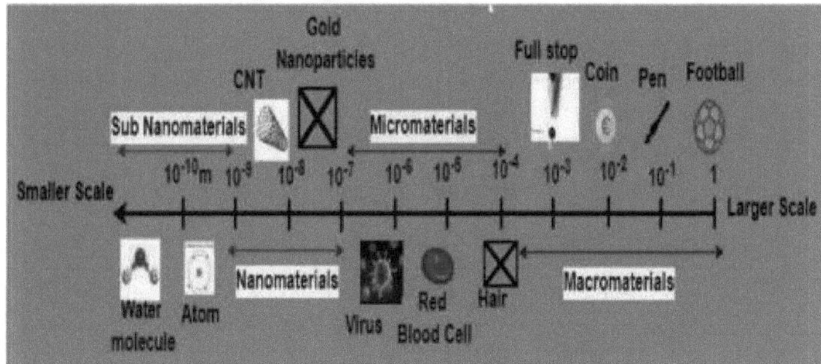

Fig.1.1: Uma visão aérea do nanómetro

A nanotecnologia foi utilizada pela primeira vez pelo famoso físico Richard Feynman na sua inspiradora e inovadora palestra "There's Plenty of Room at the Bottom" (Há muito espaço no fundo), proferida em 1959 no Instituto de Tecnologia da Califórnia **(Feynman et al., 1960)**. Atualmente, não será errado dizer que a nanotecnologia é a tecnologia do século. A nanotecnologia trata da conceção, produção e aplicação de estruturas, caraterização, dispositivos e sistemas através da gestão de dimensões na gama dos nanómetros. Assim, podemos dizer que a nanotecnologia é qualquer tecnologia que funciona à escala nanométrica e tem aplicações no mundo real. Quando as dimensões dos materiais são reduzidas a nanomateriais, as suas propriedades, como as propriedades mecânicas, ópticas, químicas e electrónicas, alteram-se significativamente. Quando o tamanho dos materiais diminui, a área da superfície do material aumenta e cada vez mais átomos estão localizados na superfície do material **(Whatmore et al., 1995)**. Assim, os nanomateriais funcionam como uma ponte entre a nanociência e a nanotecnologia e ligam estes dois domínios. A nanociência estuda os nanomateriais e as suas propriedades e a nanotecnologia utiliza esses materiais e propriedades para criar algo diferente. Estes dois domínios têm potencial para remodelar o mundo que nos rodeia.

1.2 Porque é que o estudo da nanoescala é tão importante?

Foram efectuados muitos estudos sobre as propriedades dos materiais a granel, que foram muito bem compreendidos. Mas quando o tamanho das partículas diminui para a escala nanométrica, cada material apresenta propriedades diferentes. Uma vez que as propriedades dos materiais são determinadas pelo espaço disponível para os electrões realizarem o seu movimento. Assim, as propriedades físico-químicas alteram-se drasticamente à medida que o tamanho e a forma mudam. Por conseguinte, o estudo da nanoescala é importante para compreender as propriedades físico-químicas.

1.3 Classificação dos nanomateriais

Os nanomateriais são o coração da nanociência e da nanotecnologia e ligam estes dois domínios entre si. Os nanomateriais são os materiais que têm dimensões à escala de 100 nanómetros ou menos. Os nanomateriais têm propriedades diferentes das de outros materiais devido a uma área de superfície ultralarga em relação ao volume ou à massa e ao confinamento quântico. Estes dois factores podem alterar as propriedades como a resistência, as propriedades eléctricas e ópticas. Quando um material a granel de um determinado volume é dividido em pedaços mais pequenos, a sua área de superfície aumenta, pelo que a relação área de superfície/volume também aumenta. Assim, devido ao rácio entre a área de superfície e o volume, cada vez mais átomos superficiais ou interfaciais resultam em propriedades dos nanomateriais mais dependentes da superfície. Quando o tamanho dos nanomateriais é comparável ao seu comprimento, então todo o material será influenciado pelas propriedades da superfície dos nanomateriais. Este facto pode modificar as propriedades dos materiais a granel.

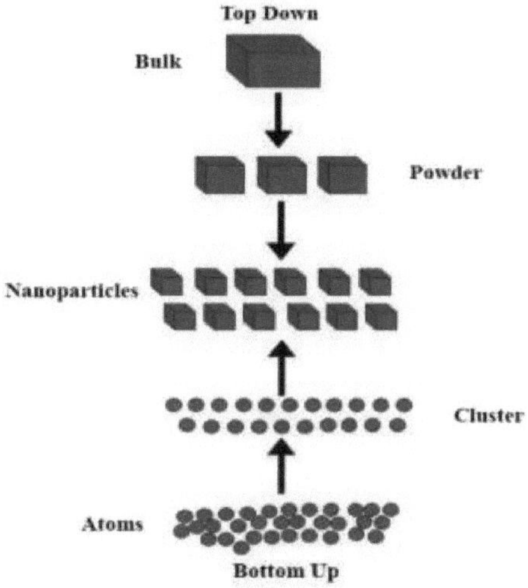

Fig.1.2: Método Top-down &Bottom-up

Assim, a relação entre a área de superfície e o volume é um fator decisivo para a obtenção de propriedades catalíticas, sensíveis a sensores e outras, ou para a construção de materiais mais reactivos do ponto de vista químico. O confinamento quântico pode influenciar as propriedades dos materiais, como as propriedades eléctricas, as propriedades ópticas e as propriedades magnéticas. Quando as dimensões dos nanocristais ou das nanopartículas são suficientemente pequenas, inferiores a 10-15 nanómetros, os efeitos quânticos começam a controlar o comportamento dos materiais. Estes nanocristais mais pequenos são designados por pontos quânticos ou átomos artificiais. Uma vez que nos materiais a granel os níveis de energia eletrónica são contínuos, nos nanomateriais ou nanocristais os níveis de energia eletrónica são discretos, o que resulta no confinamento da função de onda eletrónica ou dos electrões à dimensão física da partícula. A isto chama-se confinamento quântico. As nanopartículas ou os nanocristais são geralmente sintetizados de duas formas, nomeadamente através de abordagens top-down e bottom-up. A figura 1.2 acima mostra a abordagem descendente e ascendente.

1.3.1 Abordagem descendente

Nesta abordagem, os materiais volumosos são dissociados (ou quebrados) em pequenos pedaços até que o tamanho das partículas atinja a nanoescala. Os exemplos são a moagem de alta energia, a trituração, a implantação de iões, a condensação de vapor, a litografia, etc.

1.3.2 Abordagem ascendente

A abordagem ascendente é geralmente um processo químico em que os átomos ou as moléculas actuam como blocos de construção para formar nanomateriais. Nesta abordagem, os nanomateriais são preparados através da junção de átomos para dar origem a nanomateriais. Os exemplos são Sol-Gel, Precipitação, Deposição Química de Vapor, Deposição de Camada Atómica, Solvotérmica, etc.

Os nanomateriais podem ser classificados de duas formas.

Nanomateriais

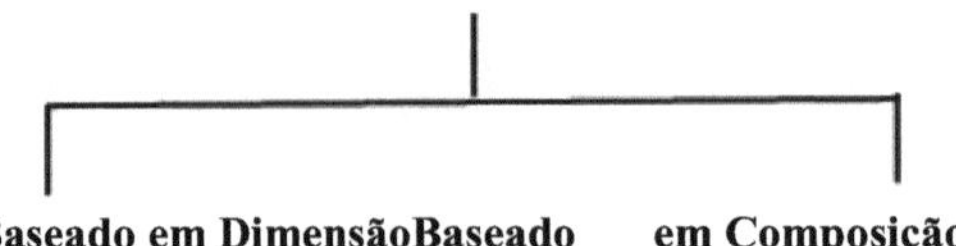

Fig.1.3: Tipos de nanomateriais

1.3.3 Nanomateriais baseados na dimensão

A alteração das propriedades dos nanomateriais ocorre na direção que foi reduzida à escala nanométrica. Assim, a classificação dos nanomateriais depende do número de dimensões que se situam na gama dos nanómetros. De acordo com **Richard W. Siegel**, a classificação dos nanomateriais com base no número de dimensões que se situam acima da escala nanométrica (> 100 nm) é a seguinte

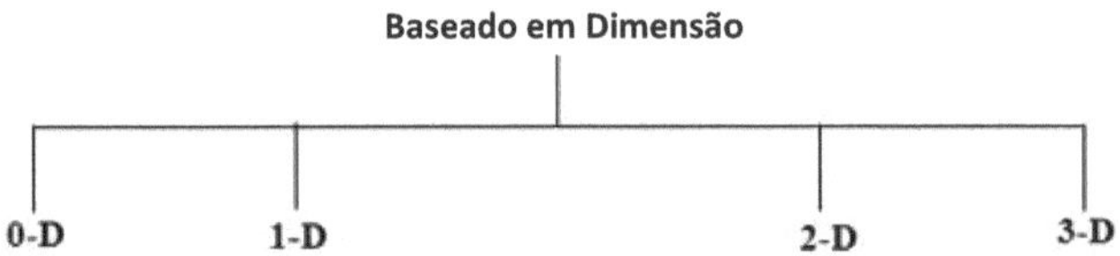

Fig.1.4: Nanomateriais com base na dimensão

1.3.3. a) Nanomateriais de dimensão zero (0-D)

Nos nanomateriais de dimensão zero, todas as dimensões estão à escala nanométrica (dimensão zero ou nenhuma dimensão é superior a 100 nanómetros). As nanopartículas são os exemplos mais comuns de nanomateriais de dimensão zero. As nanopartículas podem ser aglomerados ou nanoesferas. Estes nanomateriais podem ser cristalinos ou amorfos, metálicos, cerâmicos ou poliméricos. Quando as dimensões dos nanomateriais são muito reduzidas, observam-se efeitos quânticos. Quando o diâmetro das nanopartículas é inferior a 15 nanómetros, são designadas por **"pontos quânticos"**. Nos nanomateriais de dimensão zero, os electrões estão totalmente confinados.

1.3.3. b) Nanomateriais unidimensionais (1-D)

Estes são os nanomateriais em que duas dimensões estão à nanoescala e uma dimensão está acima da nanoescala. Os exemplos de nanomateriais unidimensionais são os nanobastões, os nanofios, as nanofibras e os nanotubos. Estes nanomateriais podem ser cristalinos ou amorfos, monocristalinos ou policristalinos, metálicos, cerâmicos ou poliméricos.

1.3.3. c) Nanomateriais bidimensionais (2-D)

Trata-se de nanomateriais em que uma das dimensões está à escala nanométrica e as restantes duas dimensões não estão confinadas à escala nanométrica. Os exemplos de nanomateriais bidimensionais são os nanofilmes, as nanolâminas e os nanorrevestimentos. Estes nanomateriais podem ser cristalinos ou amorfos, estruturas de camada única ou multicamadas, metálicos, cerâmicos ou poliméricos.

1.3.3. d) Nanomateriais tridimensionais (3-D)

Estes são os nanomateriais a granel que não estão confinados à nanoescala em qualquer dimensão. Trata-se de agregados de nanomateriais de dimensão zero, de nanomateriais unidimensionais ou de nanomateriais bidimensionais. Os exemplos de nanomateriais tridimensionais são o grafeno em forma de caixa, os feixes de nanofios e nanotubos, a dispersão de nanopartículas e as nanolâminas múltiplas. Nos nanomateriais tridimensionais, os electrões estão totalmente deslocalizados. A figura seguinte mostra diferentes tipos de nanomateriais com diferentes dimensões.

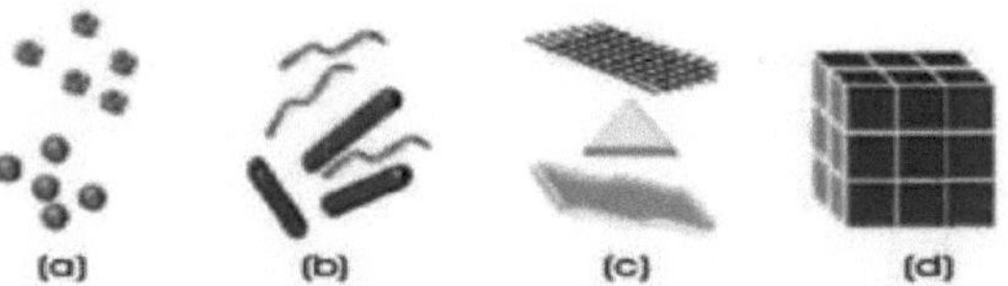

Fig. 1.5: (a) Esferas e aglomerados 0-D, (b) Nanofibras e nanobastões 1-D, (c) Nanofilmes, nanoplacas e grafeno 2-D, (d) Nanomateriais a granel 3-D

1.3.4 Nanomateriais baseados na composição

Os nanomateriais podem ser classificados em quatro tipos, de acordo com a sua composição.

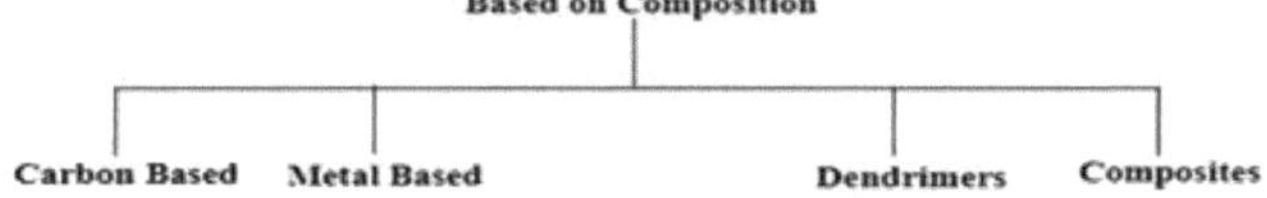

Fig.1.6 Nanomateriais com base na composição

1.3.4. a) Nanomateriais à base de carbono

Estes nanomateriais são ricos em carbono. A forma destes materiais pode ser uma esfera oca, um elipsoide ou um cilindro. Se as formas dos nanomateriais de carbono forem esféricas ou elipsóides, chamam-se fulerenos e, se forem cilíndricas, chamam-se nanotubos de carbono.

1.3.4. b) Nanomateriais à base de metais

Estes nanomateriais contêm pontos quânticos, nanosilver, nanogold e óxidos metálicos como o dióxido de titânio. O ponto quântico é um pequeno cristal semicondutor que contém milhares de átomos.

1.3.4. c) Dendrímeros

Estes nanomateriais são os nanopolímeros e a superfície dos materiais contém uma série de extremidades de cadeia. Devido ao facto de as extremidades das cadeias serem múltiplas, estes materiais podem ser utilizados como catalisadores. Os dendrímeros tridimensionais contêm uma cavidade na qual podem ser colocadas outras moléculas, pelo que são úteis para a administração de medicamentos.

1.3.4. d) Compósitos

Há trinta anos atrás, a palavra "Compósitos" não era muito famosa no mundo da ciência. Os cientistas utilizavam geralmente a palavra "Híbrido". Mas, atualmente, a palavra "compósito" é mais utilizada e é o material de engenharia mais avançado e versátil. Como sabemos, nenhum dos materiais existentes na natureza tem todas as propriedades que são necessárias para vários motivos. Assim, para satisfazer as várias exigências dos materiais, são preparados os materiais compósitos. Os materiais compósitos são aqueles que são compostos por dois ou mais materiais diferentes, principalmente um material de ligação (ou matriz) e um reforço (ou carga). Por outras palavras, trata-se de uma mistura de dois ou mais materiais cuja composição é diferente à macro-escala. Os materiais compósitos têm propriedades excepcionais que não podem ser obtidas num único material. Os materiais compósitos são heterogéneos por natureza. Geralmente, os compósitos são de três tipos: um é o macrocompósito e os outros dois são os microcompósitos e os nanocompósitos. Os macrocompósitos são melhores do que os microcompósitos e são compósitos convencionais baseados em reforços de carbono e vidro. Mas os nanocompósitos com menor teor de carga têm propriedades físicas diferentes dos macrocompósitos. Os nanocompósitos são o tipo mais valioso de compósitos com menor carga de enchimento.

1.4 Classificação dos compósitos

Os compósitos classificam-se principalmente da seguinte forma:

1) Baseado na fase da matriz
2) Baseado na fase dispersa
3) Baseado em Dispersed PhaseSize

1.4.1 Com base na fase matricial

Os compósitos podem ser classificados com base no constituinte da matriz. Dependendo da matriz, os compósitos são de três tipos.

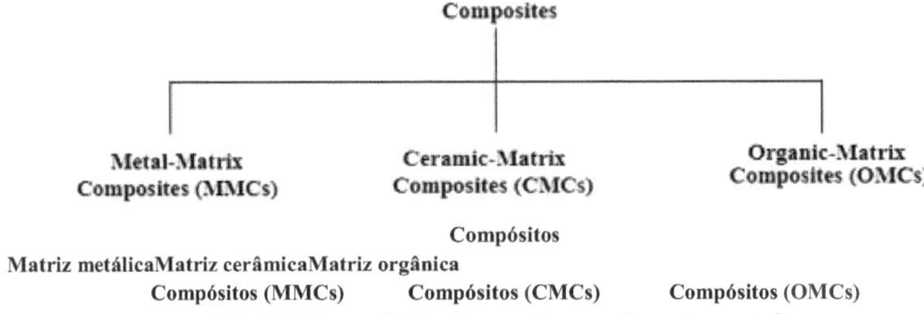

Fig.1.7 Compósitos baseados na fase da matriz

1.4.1. a) Compósitos de matriz metálica (MMC)

Os compósitos de matriz metálica são fabricados através da dispersão de um material de enchimento ou reforço numa matriz metálica. Para parar a reação química, a superfície do reforço pode ser coberta. O titânio, o ferro, o alumínio, o cobre e o magnésio podem ser utilizados como material de matriz. As cargas metálicas conferem maior eficiência estrutural aos materiais compósitos. Os compósitos de matriz metálica têm muitas aplicações na indústria aeroespacial. O reforço de monofilamentos com compósitos de matriz de titânio é maioritariamente utilizado no sector aeroespacial devido à sua capacidade para suportar temperaturas mais elevadas.

1.4.1. b) Materiais compósitos de matriz cerâmica (CMC)

Nos compósitos de matriz cerâmica, as cargas são dispersas na matriz cerâmica. Estes materiais compósitos são materiais avançados utilizados maioritariamente em indústrias estruturais. Nestes compósitos, as matrizes mais utilizadas são a alumina (Al_2O_3), a mulita ($3Al_2O_3 .2SiO_2$), o nitreto de silício (Si_3N_4) e o aluminossilicato. As cargas mais importantes são o carboneto de silício (SiC), o carboneto de titânio (TiC) e a zircónia (ZrO_2). Estes materiais compósitos têm uma vasta gama de aplicações na indústria aeroespacial e noutros campos industriais devido ao seu comportamento de tração e compressão, resistência à corrosão, resistência à fratura e estabilidade a altas temperaturas.

1.4.1. c) Compósitos de matriz orgânica (OMC)

Os compósitos de matriz orgânica são ainda classificados em dois tipos: um é o compósito de matriz de carbono (CMC), por vezes designado por compósito carbono-carbono, e o outro é o compósito de matriz polimérica (PMC).

1.4.1. c-i) Compósitos de carbono-carbono (CCC)

Os compósitos de carbono-carbono são um tipo especial de compósitos em que tanto o material de reforço como o material da matriz são carbono. Uma vez que o carbono é um material de alta temperatura quando utilizado numa atmosfera não oxidante. Estes compósitos são utilizados em aplicações de alta temperatura. Estes materiais mantêm as suas propriedades mecânicas até 2200 C. Têm uma vasta aplicação no domínio aeroespacial, uma vez que são leves. O principal inconveniente destes materiais é o facto de o carbono reagir com o oxigénio e formar óxidos de carbono gasosos. Além disso, estes materiais são dispendiosos.

1.4.1. c-ii) Compósitos de matriz polimérica (PMC)

Um compósito de matriz polimérica é um material compósito no qual o reforço é ligado por uma matriz de polímero orgânico. O rácio entre a matriz e o reforço é geralmente de 2:1. Estes materiais têm uma vasta gama de aplicações em diferentes domínios devido ao seu fácil fabrico com um grande número de formas complexas. São geralmente utilizados na indústria automóvel, aeroespacial e militar e em muitos outros domínios. A importância dos compósitos de matriz polimérica aumenta drasticamente em todos os domínios se forem utilizados reforços ou cargas de dimensão nanométrica, uma vez que, a nível nanométrico, as propriedades dependem mais da superfície e observa-se uma alteração exponencial das propriedades dos materiais. Quando a carga de dimensão nanométrica é dispersa na matriz polimérica orgânica ou na matriz hospedeira, os materiais transformam-se em materiais nanocompósitos poliméricos.

1.4.2 Com base na fase dispersa

Os compósitos baseados na fase dispersa são classificados da seguinte forma:

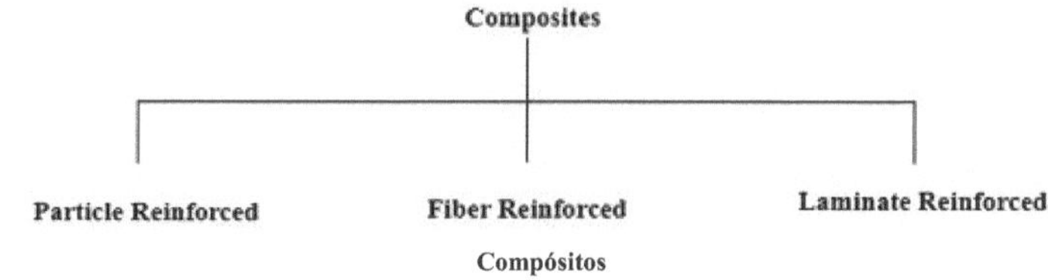

Compósitos

Reforçado com partículasReforçado com fibras

Fig.1.8 Compósitos à base de fase dispersa

1.4.2. a) Compósitos reforçados com partículas:

Estes tipos de compósitos contêm reforço sob a forma de partículas. Uma vez que as partículas não têm dimensão, todas as dimensões do reforço são igualmente equilibradas na matriz. Alguns exemplos são os metais, a cerâmica, o carbono, etc.

Laminado reforçado

1.4.2. b) Compósitos reforçados com fibras:

Estes tipos de compósitos contêm reforço sob a forma de fibras. Estas fibras têm um comprimento muito maior do que o seu diâmetro, com um rácio de porção elevado equilibrado na matriz. Alguns exemplos são a fibra de vidro, a fibra de carbono, etc.

1.4.2. c) Compósitos reforçados com lâminas:

Estes tipos de compósitos contêm reforço sob a forma de plaquetas ou camadas e estes são incorporados na matriz. Alguns exemplos são a argila, a grafite, a mica, etc.

1.4.3 Com base no tamanho da fase dispersa

Os compósitos baseados no tamanho da fase dispersa são classificados da seguinte forma:

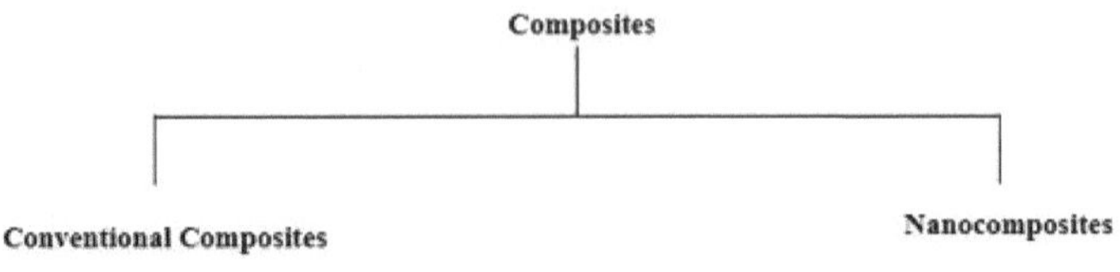

Compósitos

Compósitos convencionais Nanocompósitos

Fig.1.9 Compósitos baseados no tamanho da fase dispersa

1.4.3. a) Compósitos convencionais:

Estes tipos de compósitos contêm reforço ou material de enchimento da ordem do macrometro ou micrómetro. Nos compósitos convencionais, é necessária uma grande quantidade de material de enchimento para obter as propriedades pretendidas.

1.4.3. b) Nanocompósitos:

Estes tipos de compósitos contêm reforços ou cargas da ordem dos nanómetros. Estes materiais de enchimento combinados com a matriz formam nanocompósitos. Nos nanocompósitos, é necessária uma pequena quantidade de carga para obter as propriedades pretendidas. Quando as cargas são dispersas com a matriz de polímero orgânico, transformam-se em nanocompósitos poliméricos.

1.5 Nanocompósitos de polímeros (PNCs)

Nos últimos tempos, os nanocompósitos de polímeros são uma área de investigação emergente. Estes materiais têm importância em todos os domínios do mundo devido ao seu carácter multifuncional. Devido à sua leveza e natureza multifuncional, a atenção dos investigadores para os materiais nanocompósitos poliméricos está a aumentar. Os nanocompósitos à base de matrizes poliméricas estão mais na moda do que os nanocompósitos à base de cerâmica e metal. Os polímeros são boas matrizes de acolhimento para materiais compósitos com uma vasta gama de composições, como semicondutores, nanotubos de carbono ou varetas de fibra, dieléctricos, metais e nanopartículas magnéticas, devido às suas caraterísticas-chave sucessivas que não se estabelecem facilmente em materiais de matriz metálica e cerâmica.

- Disponibilidade de uma vasta gama de polímeros com diferentes propriedades.
- Fácil de moldar e fabricar
- Boa resistência à corrosão.
- Devido à baixa densidade.
- Modificabilidade da superfície
- Atratividade efeitos de cor
- Custo acessível

Os nanocompósitos de polímeros têm uma vasta gama de aplicações devido ao seu amplo espetro de propriedades. São utilizados na indústria automóvel, na tecnologia de sensores, na indústria de dispositivos electrónicos e ópticos, no domínio biomédico, no domínio das comunicações e na indústria aeroespacial. Mas, atualmente, os nanocompósitos poliméricos desempenham um papel crucial no domínio da medicina, especialmente nas doenças oncológicas, uma vez que têm a capacidade de atingir as áreas afectadas. Os nanocompósitos poliméricos são materiais que contêm partículas inorgânicas nanoscópicas e uma matriz polimérica orgânica. Estes nanocompósitos poliméricos são constituídos por duas partes: uma é o material de enchimento e a outra é a matriz hospedeira. As partículas inorgânicas de tamanho nanométrico funcionam como carga e estas nanopartículas são incorporadas no polímero denominado matriz hospedeira. Atualmente, têm sido feitos muitos esforços para a síntese de materiais nanocompósitos de polímeros devido às suas propriedades harmoniosas e híbridas. As propriedades dos materiais dependem de ambos os temperamentos dos materiais de enchimento e da matriz hospedeira. As mesmas propriedades nos nanocompósitos poliméricos são obtidas com uma pequena quantidade de carga, em comparação com os compósitos convencionais, para os quais é necessária uma grande quantidade de carga. Os materiais nanocompósitos poliméricos são muito melhores do que os compósitos convencionais porque têm todas as propriedades dos materiais de base com propriedades adicionais como estabilidade química, melhor moldabilidade e elevada resistência mecânica. As propriedades dos nanocompósitos de polímeros dependem não só do material de origem, mas também da sua morfologia. À escala nanométrica, as propriedades fundamentais dos nanocompósitos poliméricos, como as propriedades magnéticas, as propriedades dieléctricas e a temperatura de fusão, podem ser controladas sem alterar as composições químicas. Durante décadas, trabalhámos com macrocompósitos, tais como polímeros preenchidos, em que os polímeros de enchimento têm uma escala de comprimento de micrómetros. No caso dos nanocompósitos, quando o reforço (nanopartículas) tem uma escala de comprimento à escala nanométrica, têm uma área interfacial extraordinariamente elevada por unidade de volume e uma distância muito pequena entre o polímero e o componente de enchimento. O entusiasmo em torno da ciência e da tecnologia à escala nanométrica permite-nos criar materiais inovadores. O seu tamanho, estrutura de superfície e interações entre partículas definem as suas caraterísticas únicas e aumentam o seu desempenho. Além disso, estes PNCs têm sido investigados como potenciais candidatos para várias aplicações de deteção. As caraterísticas condutoras e absorventes dos polímeros isolantes dopados com materiais condutores, bem como as propriedades adsorventes dos polímeros isolantes com cargas não condutoras, são sensíveis à exposição ao vapor de gás. Por conseguinte, podem ser utilizados para verificar se e quantos gases existem no ar à sua volta. A resistência eléctrica dos PNCs condutores de eletricidade varia à medida que são expostos a tensão e pressão de tração. Como consequência desta reação, os nanocompósitos podem ser utilizados como sensores de pressão e de alongamento para detetar deformações e vibrações em dispositivos mecânicos, tais como componentes automóveis. Outra área em que os nanocompósitos poliméricos poderão fazer avanços significativos é a das interferências electromagnéticas (EMI). Todos os equipamentos electrónicos produzem e emitem ondas de radiofrequência, que podem causar interferências no funcionamento dos componentes electrónicos no interior do dispositivo, bem como no funcionamento de outros dispositivos electrónicos. Existe um maior risco de interferência electromagnética quando o equipamento eletrónico é pequeno. Isto deve-se ao facto de os componentes terem de estar muito próximos uns dos outros. A energia é reflectida e absorvida quando uma onda electromagnética atinge uma superfície condutora. A eficiência da blindagem refere-se à capacidade de um material para filtrar a radiação electromagnética, quer a energia indesejada entre ou saia de um sistema. Inclui perdas por absorção, reflexão e re-reflexão. É importante poder alterar a impedância (Z) numa vasta gama de frequências para reduzir a EMI. Isto deve-se ao facto de a permeabilidade complexa (μ) e a constante dieléctrica complexa (ε) poderem ser alteradas. A condutividade de uma substância é crucial para a sua capacidade de filtrar a radiação electromagnética. Os materiais condutores, como os metais comuns, bem como os condensadores e as ferrites, são frequentemente utilizados na supressão de EMI. O peso, a corrosão e a rigidez física são alguns dos inconvenientes dos materiais utilizados para reduzir a EMI. Novos materiais poderão ajudar a resolver estes problemas. Os materiais compostos com nanopartículas magnéticas, como os polímeros condutores ou isolantes, poderiam ser utilizados em vez de peças metálicas a granel.

A investigação de nanocompósitos de polímeros requer uma abordagem interdisciplinar com um grande poder técnico. Isto inclui processos de síntese únicos e conhecimentos de nanotecnologia, física, química e ciência das superfícies. Existem dois tipos de nanomateriais: materiais nano-estruturados e materiais nano-fásicos. Os primeiros referem-se frequentemente a materiais a granel condensados compostos por grãos de dimensão nanométrica, enquanto os segundos se referem normalmente a nanopartículas dispersas. Os nanocompósitos são materiais compostos por pelo menos duas fases, uma das quais está dispersa na outra, formando uma rede tridimensional. O meio de dispersão é referido como a matriz, enquanto a fase dispersa é referida como a carga. No entanto, quando a matriz hospedeira do nanocompósito é um polímero, os compósitos resultantes são referidos como nanocompósitos poliméricos (PNC). Estes nanocompósitos/nanocompósitos poliméricos (PNC's) pertencem à categoria dos materiais nano-estruturados. Se o material de enchimento tiver uma dimensão maior, o material resultante é classificado como um compósito de polímero. Devido à enorme área de superfície e à curta distância de difusão, um tamanho de partícula mais pequeno melhoraria sem dúvida a densificação de materiais compósitos e policristalinos. Outras vantagens das nanopartículas em relação às partículas de dimensão micrónica são o facto de poderem apresentar capacidades magnéticas, ópticas, térmicas, eléctricas e mecânicas únicas.

As propriedades destes materiais não se restringem apenas ao total das contribuições individuais de ambas as fases, mas a função das interfaces internas pode também desempenhar um papel significativo. Os nanocompósitos podem ser classificados em duas classes distintas, com base na natureza da interface: (a) aqueles em que os componentes orgânicos e inorgânicos estão incorporados e apenas ligações fracas de hidrogénio, de Vander Waals ou iónicas proporcionam a coesão da estrutura; e (b) aqueles em que as duas fases estão ligadas através de fortes ligações químicas covalentes ou iono-covalentes.

A adição de nanopartículas inorgânicas a sistemas poliméricos desempenha um papel importante nos nanocompósitos poliméricos (PNCs) com caraterísticas poliméricas multifuncionais e de elevado desempenho que ultrapassam as dos materiais poliméricos convencionais com enchimento. Os nanocompósitos de polímeros apresentam uma variedade de propriedades multifuncionais, incluindo maior resistência ao calor e/ou à chama, resistência à humidade, menor permeabilidade, dissipação de carga e resistência química. Em contraste com os sistemas de polímeros convencionais, em que o reforço é medido em microns, os nanocompósitos de polímeros são caracterizados por componentes distintos medidos em apenas alguns manómetros. Os compósitos nano-estruturados de polímeros distinguem-se essencialmente dos plásticos e compósitos com enchimento padrão pela sua vasta área interfacial interna e pelos diâmetros nanoscópicos entre as nanopartículas. Os nanocompósitos de polímeros (PNC) incluem um vasto espetro de materiais, incluindo estruturas unidimensionais, bidimensionais, tridimensionais e amorfas, formadas por componentes radicalmente diferentes e misturadas à escala nanométrica.

1.6 Seleção de matrizes e enchimentos para PNC's

As caraterísticas dos PNCs são determinadas pelo tipo de polímero utilizado e pelo material de enchimento escolhido. A escolha destes materiais é inteiramente determinada pelas qualidades requeridas.

1.6.1 Matriz polimérica

Os polímeros são um componente importante dos PNCs e têm um impacto significativo nas caraterísticas resultantes dos PNCs. Após a seleção da nanopartícula ideal para o polímero de interesse, existem dois obstáculos principais associados à criação de PNCs. Para começar, a seleção das nanopartículas deve ter em conta a sua interação interfacial e/ou compatibilidade com a matriz polimérica. Em segundo lugar, deve ser utilizado o método de processamento correto para distribuir e espalhar uniformemente as nanopartículas ou grupos de nanopartículas no interior da matriz polimérica.

Os polímeros podem ser genericamente classificados em duas famílias fundamentais de resinas: termoplásticos e termoendurecíveis. No entanto, noutras literaturas, os elastómeros são classificados como um terceiro tipo de material.

Os termoplásticos são polímeros que amolecem quando aquecidos, com ou sem pressão, mas que necessitam de arrefecimento para voltarem à sua forma original. Estes derretem facilmente quando aquecidos. Muitas vezes, são adicionadas cargas como fuligem, mica, fibra de vidro e madeira para produzir as qualidades desejadas. São normalmente utilizados no fabrico de lanças, componentes de veículos e sensores, entre outras coisas. Alguns destes incluem o poli (metacrilato de metilo) (PMMA), o polietileno (PE), o poliuretano (PUR), o poliestireno (PS), a poliamida, o policarbonato (PC) e as resinas à base de vinilo [cloreto de polivinilo (PVC)], entre outros.

Os plásticos termoendurecíveis são criados pela condensação e polimerização de produtos intermédios sob a influência do calor, da pressão e de outros factores. Quando aquecidos, tornam-se flexíveis e maleáveis, depois sofrem uma transformação e endurecem. O processo de termofixação ou termoendurecimento é utilizado para descrever este processo. As resinas termoendurecíveis são compostas por componentes intermédios orgânicos reactivos sólidos, semi-sólidos ou líquidos que curam ou se reticulam para formar um produto de elevado peso molecular sem ponto de fusão percetível. A propriedade fundamental destas resinas termoendurecíveis reactivas intermédias é a sua capacidade de sofrer um processo químico irreversível conhecido como polimerização ou cura. Epóxi, éster vinílico, éster de cianato, silicone e ésteres fenólicos são apenas alguns exemplos.

Outra classe significativa de polímeros é o grupo de polímeros de natureza elástica ou semelhante à borracha, conhecidos como elastómeros. Esta classe de materiais elastoméricos pode ser composta por copolímeros em bloco ou sistemas multifásicos que compreendem segmentos macios (baixa Tg), bem como partes duras (alta Tg, possivelmente cristalinas). Podem ser processados em condições termoplásticas. Entre os muitos tipos de elastómeros disponíveis encontram-se os elastómeros termoplásticos (estirénicos e olefénicos), as borrachas sintéticas (borracha de butadieno e borracha de butilo), as borrachas de poli-sulfureto (PSR), as borrachas de silicone (SIR), as borrachas de estireno-butadieno (SRB), as borrachas naturais (NR) e outras.

Para atingir o objetivo do estudo, utilizámos o poliestireno (PS) como matriz hospedeira. Trata-se de um material termoplástico. Trata-se de um polímero polar, amorfo e transparente. O poliestireno é frequentemente utilizado em serviços alimentares como tabuleiros e recipientes rígidos, utensílios de jantar descartáveis e copos, pratos e tigelas de espuma. É popular devido às suas qualidades físicas moderadas, propriedades dieléctricas superiores, facilidade de manuseamento e fabrico, e custo barato. No presente trabalho, utilizamos nanopartículas de titanato de bário dopadas com európio como cargas.

1.6.2 Enchimentos

Normalmente, as cargas são introduzidas nos polímeros para melhorar o seu comportamento de processamento, qualidades físicas e custo. As caraterísticas fundamentalmente novas destes PNCs resultam frequentemente de uma alteração da natureza do polímero na região da carga. A escala de comprimento do reforço é em micrómetros, e o contacto entre as cargas e a matriz polimérica a granel é próximo. Sem dispersão, a geometria à escala nanométrica e a área de superfície ultra-elevada destas cargas não são utilizadas e o compósito resultante cai na categoria dos compósitos convencionais, apesar da dimensão nanométrica das cargas inorgânicas individuais.

A natureza dos PNCs resultantes é determinada principalmente pelas circunstâncias em que o material de enchimento é necessário, bem como pela quantidade de material de enchimento utilizada no processo. Para adquirir caraterísticas dielétricas em PNCs, empregamos nanopartículas dielétricas como carga no compósito. Utilizámos nanopartículas de titanato de bário dopado com európio ($BaTiO_3$) como material de enchimento para construir nanocompósitos poliméricos dieléctricos (DPNCs).

1.7 Nanocompósitos de polímeros dieléctricos (DPNC's)

Com o crescente interesse e envolvimento na investigação à escala nanométrica, está a desenvolver-se uma nova classe de materiais dieléctricos conhecidos como nanocompósitos de polímeros dieléctricos. Espera-se que os nanocompósitos sejam materiais nanodieléctricos muito promissores. Devido à excelente processabilidade e às propriedades mecânicas dos polímeros combinadas com as propriedades eléctricas, magnéticas ou dieléctricas únicas das nanopartículas, os materiais compósitos poliméricos à base de nanopartículas, uma categoria de nanocompósitos, podem constituir uma solução potencial para satisfazer as exigências tecnológicas actuais e futuras em termos da boa processabilidade e das propriedades mecânicas dos polímeros combinadas com as propriedades eléctricas, magnéticas ou dieléctricas únicas das nanopartículas. Além disso, as partículas de tamanho nanométrico são escolhidas para materiais compósitos dieléctricos de alto k porque podem ajudar na formação de filmes dieléctricos mais finos, o que, por sua vez, pode resultar numa maior capacitância específica para o material. Por este motivo, foram recentemente utilizadas mais nanopartículas de semicondutores cerâmicos, metálicos ou mesmo orgânicos para fabricar materiais dieléctricos high-k.

1.7.1 Propriedades dieléctricas

Os dieléctricos são materiais de armazenamento de carga. As caraterísticas dieléctricas são as qualidades dos materiais que determinam o armazenamento e a dissipação de energia eléctrica e magnética. As caraterísticas dieléctricas de um material são formadas como resultado da produção de dipolos eléctricos no interior da substância. Provém dos seguintes indivíduos:

$$\mu = qdl \quad (1.1)$$

Onde q e dl são as cargas e a distância entre elas. A densidade de carga superficial nas placas de um condensador pode ser representada por:

$$D = \epsilon_0\vec{E} + \vec{P} = \epsilon_0(1+\chi)\vec{E} = \epsilon\vec{E} \quad (1.2)$$

Onde D representa o deslocamento dielétrico em termos de carga por unidade de área; P representa a polarização em termos de momento de dipolo induzido por unidade de volume (μ/V); e E representa o campo elétrico. A relação entre o campo elétrico (E) e o vetor de polarização (P) é dada pela seguinte equação:

$$\vec{P} = \epsilon_0 \chi \vec{E} = \epsilon_0 (\epsilon_r - 1)\vec{E} \quad (1.3)$$

A permissividade complexa pode ser utilizada para indicar a constante dieléctrica dos materiais num campo elétrico alternativo:

$$\epsilon^* = \epsilon' - j\,\epsilon'' \quad (1.4)$$

Onde ϵ' e ϵ'' representam a permissividade real e imaginária. A perda de calor num material é medida pela porção imaginária da permissividade complexa. É importante conhecer a tangente de perda, ou fator de dissipação (tanδ), que é uma grandeza adimensional que mede a quantidade de energia que se perde num campo cíclico e é dada pela equação seguinte.

$$\tan\delta = \frac{\epsilon''}{\epsilon'} \quad (1.5)$$

Esta polarização pode ser atribuída a uma variedade de processos moleculares, incluindo polarização eletrónica (induzida), iónica (atómica), molecular (dipolo) e interfacial (carga espacial).

1.7.1. a) Polarização eletrónica

Quando um campo elétrico é aplicado a um átomo, os electrões desse átomo são ligeiramente deslocados das suas posições relativamente ao núcleo positivo. Para além de ser capaz de reagir a frequências muito elevadas (mesmo na parte visível do espetro eletromagnético, com frequências de 10^{15} Hz), a polarização eletrónica é também responsável pela refração da luz. Este tipo de polarização pode ser encontrado em todos os materiais dieléctricos e, como o nome indica, só pode ocorrer quando é aplicado um campo elétrico. A polarização eletrónica é definida da seguinte forma para estes sistemas:

$$P_e = 4\pi\epsilon_0 N R^3 E \quad (1.6)$$

Nesta equação, N, R e E denotam o número de dipolos por unidade de volume, o raio atómico e o campo elétrico, respetivamente.

1.7.1. b) Polarização iónica

A polarização iónica só se verifica em materiais iónicos. Um campo aplicado faz com que os catiões se movam numa direção e os aniões na outra direção, resultando num momento de dipolo líquido. A baixas frequências, a condução iónica é o processo mais comum, embora introduza perdas no sistema. A polarização iónica é dada pela seguinte equação:

$$P_i = \frac{Ne^2}{\omega_0^2}\left[\frac{1}{m(+)} + \frac{1}{m(-)}\right] \quad (1.7)$$

Onde ω0 é a frequência angular do campo elétrico aplicado, enquanto m(+) e m(-) são as massas dos iões positivos e negativos.

1.7.1. c) Orientação Polarização

Os momentos de dipolo permanente só são obtidos em substâncias com polarização dipolar ou molecular. Os momentos permanentes são rodados na direção do campo aplicado, o que provoca a polarização. Como só pode ocorrer em frequências mais baixas, o processo de polarização de orientação tem um papel na determinação da constante dieléctrica até à gama de frequências de rádio. Ela é dada pela seguinte fórmula:

$$P_o = \frac{P_P^2 E}{3k_b T} \quad (1.8)$$

Onde P_P, T, E e K_B denotam o momento de dipolo permanente do dielétrico polar, a temperatura, o campo elétrico e a constante de Boltzmann, respetivamente.

1.7.1. d) Polarização da carga espacial

A polarização de cargas espaciais, também conhecida como polarização interfacial ou polarização Maxwell-Wagner-Sillars (MWS), surge em sistemas heterogéneos, como um material composto por dois ou mais constituintes, em resultado da captura de portadores de carga em translação em interfaces ou barreiras físicas. Os obstáculos mais comuns são os limites de grão ou de fase, bem como as superfícies livres. A distorção do campo elétrico gerada pela acumulação destas cargas resulta num aumento da constante dieléctrica do material. A gama de frequências desta polarização situa-se tipicamente entre 10^{-3} e 10^3 Hz. Como a polarização de cargas espaciais é tão pequena, ela pode ser negligenciada no cálculo da polarização total. O total das contribuições de cada processo determina a polarização líquida do material dielétrico, P:

$$\overrightarrow{P_{total}} = \overrightarrow{P_{electronic}} + \overrightarrow{P_{ionic}} + \overrightarrow{P_{orientational}} \quad (1.9)$$

1.7.2 Titanato de bário ($BaTiO_3$)

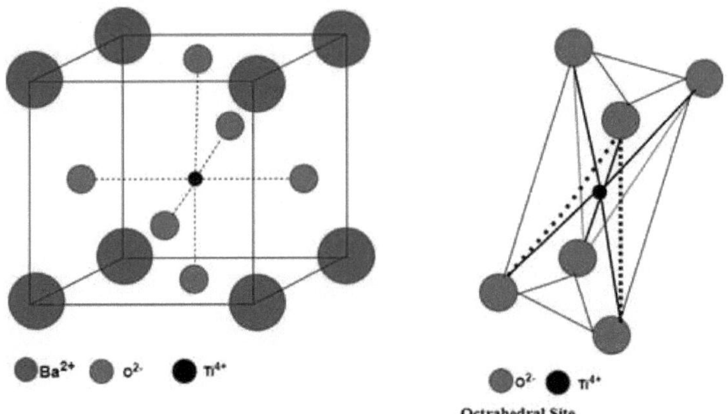

Fig. 1.10 Célula unitária de titanato de bário

O titanato de bário, desenvolvido em meados da década de 1940, foi a primeira cerâmica de transdução piezoeléctrica a satisfazer a necessidade de um material de elevada constante dieléctrica para aplicações em condensadores durante a Segunda Guerra Mundial. Tem sido amplamente utilizado no sector elétrico desde a sua descoberta devido à sua elevada constante dieléctrica e propriedades ferroeléctricas. O titanato de bário, frequentemente conhecido como $BaTiO_3$, é um óxido de bário e titânio com a fórmula química $BaTiO_3$. É um material cerâmico ferroelétrico com capacidades piezoeléctricas e um efeito de foto-refração. O seu aspeto é de pó branco ou de cristais translúcidos. É solúvel em ácido sulfúrico forte, mas insolúvel em água. Devido ao facto de o BaTiO3 ser estruturalmente idêntico a um perovskite ($CaTiO_3$), é designado por "perovskite". A fig.1.10 ilustra uma estrutura unitária representativa do ABO3. É classificada como uma estrutura derivada de FCC porque o catião A maior e o oxigénio formam uma rede FCC, enquanto o catião B menor preenche os espaços intersticiais octaédricos na matriz FCC. A estrutura é composta por uma rede de octaedros de oxigénio ligados nos seus cantos, com o catião menor a preencher os buracos octaédricos e o catião maior a preencher os buracos dodecaédricos. A (Ba^{+2} Bário) tem um número de coordenação de 12, enquanto B (Ti^{+4} Titânio) tem um número de coordenação de 6. Seis iões de oxigénio rodeiam os átomos de titânio em locais intersticiais octaédricos. A localização intersticial octaédrica no BaTiO3 é relativamente grande em comparação com o tamanho dos iões Ti devido ao enorme tamanho dos iões Ba. Os iões Ti são demasiado pequenos para serem estáveis nesta configuração octaédrica. Cada um dos seis iões de oxigénio em torno do ião Ti tem uma localização de energia mínima fora do centro na direção do ião Ti. Devido ao facto de cada ião Ti ter uma carga +4, o grau de polarização é bastante elevado. Quando é aplicado um campo elétrico, os iões de Ti podem sofrer uma transição de fase de localizações aleatórias para localizações alinhadas, resultando numa elevada polarização global e constante dieléctrica. A estrutura cristalina e as propriedades de polarização do BaTiO3 são fortemente influenciadas pela temperatura. Tal como anteriormente referido, acima de 120 °C (e até 1400 °C), o BaTiO3 é cúbico e o BaTiO3 apresenta uma polarização aleatória espontânea. O ião Ti^{4+} encontra-se no centro de um octaedro de iões de oxigénio nesta gama de temperaturas. A vibração térmica é suficiente para fazer com que os iões de titânio na sua localização intersticial octaédrica no BaTiO3 sejam orientados aleatoriamente. Quando é aplicado um campo elétrico, o ião Ti^{4+} muda de posição, resultando em polarização, mas regressa rapidamente à sua localização central estável quando o campo é retirado. Como resultado, não existe polarização retida, laço de histerese ou comportamento ferroelétrico.

Quando o BaTiO3 é arrefecido um pouco abaixo dos 120 °C (temperatura de Curie), ocorre uma transição deslocada na qual a estrutura do BaTiO3 muda de cúbica para tetragonal. Um eixo cristalográfico alonga-se enquanto os outros dois se encurtam. O ião Ti^{4+} desloca-se para fora do centro em direção a um dos dois iões de oxigénio do eixo longo, provocando um aumento espontâneo da carga positiva nessa direção. Ao aplicar um campo elétrico na direção oposta à do dipolo inicial, o ião Ti^{4+} migrará através do centro do sítio octaédrico para uma localização análoga fora do centro. Como consequência, a polarização é invertida, ocorre histerese na curva E versos P e ocorre ferroeletricidade. Em geral, a figura acima é exagerada. De facto, qualquer estrutura composta por octaedros de oxigénio ligados por um canto, com um pequeno catião a preencher o orifício octaédrico e um grande catião (se presente) a preencher o orifício dodecaédrico, é frequentemente considerada uma perovskite, mesmo que os octaedros de oxigénio estejam ligeiramente deformados. A temperatura afecta as caraterísticas dieléctricas da BT. Este facto deve-se à deformação octaédrica do TiO6. Como sólido, tem cinco fases, enumeradas de alta para baixa temperatura: hexagonal, cúbica, tetragonal, ortorrômbica e estrutura cristalina romboédrica. Com exceção da estrutura hexagonal e cúbica, todas as estruturas apresentam ferroeletricidade. O sistema cristalino hexagonal e cúbico apresenta natureza para-eléctrica. A figura 1.11 ilustra estas fases e as suas temperaturas de transição.

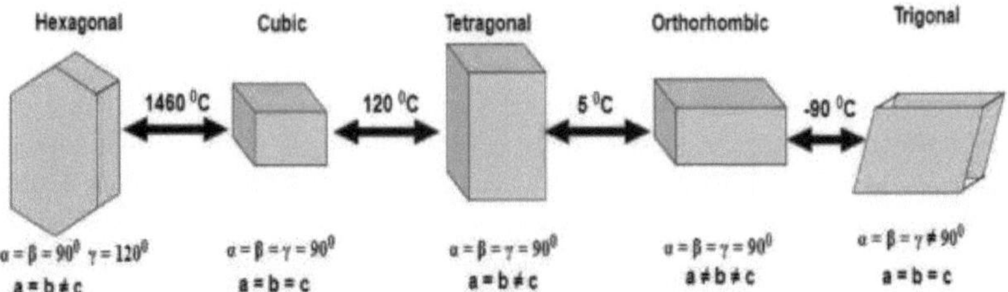

Fig. 1.11 Várias fases do titanato de bário

1.8 Introdução do elemento de terras raras - európio:

É importante notar que a expressão "terras raras" é a tradução inglesa do termo francês "terre rare", que se refere a um óxido. Deriva dos minerais de terras raras dos quais foram inicialmente separados, e cujos minerais invulgares do tipo óxido (terras) foram descobertos na gadolinite, que foi recolhida das minas na altura do seu primeiro isolamento. As terras raras não são assim designadas por serem verdadeiramente raras, mas sim porque é muito difícil separar estes elementos individualmente e é necessária muita perícia para o fazer. Os elementos de terras raras são um grupo de 17 elementos que incluem o escândio, o ítrio e os lantanídeos (que são 15 elementos na tabela periódica com números atómicos variáveis de 57 a 71). Apesar da sua tendência para coexistir, os 15 elementos lantanídeos são classificados em dois grupos distintos. Os elementos leves têm números atómicos entre 57 e 63, enquanto os elementos pesados têm números atómicos entre 64 e 71. Os elementos de terras raras mais leves são frequentemente mais abundantes e mais simples de extrair. Apesar do seu baixo peso atómico, o ítrio tem caraterísticas mais próximas das dos lantanídeos pesados, pelo que é classificado neste grupo. O escândio pode ser encontrado em muitos minerais diferentes. Também pode ser encontrado com outros elementos de terras raras. No nosso projeto, utilizamos o elemento de terras raras európio misturado com titanato de bário utilizado como carga. O európio é o elemento menos denso, mais macio e mais volátil da série dos lantanídeos, sendo também o mais reativo. O európio tem propriedades excepcionais de absorção de neutrões, o que o torna um componente importante nas barras de controlo dos reactores nucleares. O plástico dopado com európio tem sido utilizado como material de laser. É também utilizado na produção de ligas supercondutoras finas.

1.9 Objectivos

Atualmente, estamos a concentrar-nos nos seguintes objectivos principais

(1) Síntese de nanopartículas dieléctricas de titanato de bário puro e dopado com európio pelo método de reação em estado sólido.

(2) Crescimento de nanocompósitos de polímeros dieléctricos utilizando titanato de bário e titanato de bário dopado com európio como material de enchimento.

(3) Investigar a influência da dopagem com európio em várias propriedades do titanato de bário.

(4) Investigar a influência do titanato de bário dopado com európio (carga) nos nanocompósitos poliméricos.

(5) Estudar as propriedades dieléctricas dos nanocompósitos poliméricos com diferentes níveis de carga de cargas.

CAPÍTULO 2

REVISÃO DA LITERATURA

O efeito da dopagem de elementos de terras raras em BaTiO3 estudado por **Ismail et al., (2016)** em artigo de revisão e relatou propriedades dieléctricas modificadas e temperaturas de transição menores. O efeito do tamanho no titanato de bário sintetizado com diferentes rotas foi estudado por **W. Sun (2006).** O titanato de bário preparado por via hidrotérmica simples ofereceu menos aglomerados de pó de titanato de bário, partículas altamente ultrafinas e puras. Mas a via hidrotérmica do titanato de bário dá origem a amostras de forma cúbica ou com baixo grau de tetragonalidade. A constante dieléctrica do titanato de bário foi determinada em função do tamanho e foi previsto um valor máximo de 16000 a 70 nm de tamanho de partícula. **Rath et al., (2008)** estudaram o efeito dopante do európio no titanato de bário com diferentes rácios de mol [Eu/Ti] sintetizados por via hidrotérmica a 150^0 C. As micrografias XRD e TEM confirmaram a natureza nano com tamanhos de partícula entre 20 e 45 nm. A dopagem de európio aumenta o valor da constante dielétrica e foi observado um alto valor de constante dielétrica 10576 a 1 KHz. **Gallen et al., (2019)** estudam o comportamento anfotérico do európio em BaTiO3. Eles estudaram que a mudança nas propriedades elétricas e magnéticas do material depende da ocupação do local do európio. **Lee et al., (2020)** relataram as propriedades ópticas e estruturais do titanato de bário dopado com európio (10 mol%). Os dados de XRD revelam que as películas finas eram amorfas quando queimadas abaixo de 600^0 C e cristalinas acima de 700^0 C.

Propriedades eléctricas e dieléctricas relatadas por **D. Sitko et al., (2015)** das cerâmicas de titanato de bário dopado com európio. A espetroscopia de impedância revela que houve uma redução no valor da resistência dos grãos $(\sim 10^5 \Omega)$ do titanato de bário dopado com európio em comparação com o titanato de bário puro $(\sim 10^7 \Omega)$. As propriedades estruturais estudadas

por **Garrido-Hernandez A et al., (2014)** de titanato de bário dopado com érbio e itérbio. O resultado do seu estudo confirma a estabilidade da fase cúbica mesmo à temperatura ambiente se o tamanho das partículas for inferior a 30 nm. Dois importantes elementos de terras raras, o cério e o európio, dopados com titanato de bário e as suas propriedades dieléctricas foram investigados por **Zhang et al. (2006).** A cerâmica CBT apresenta uma estrutura cúbica, enquanto a cerâmica EBT apresenta uma estrutura tetragonal com uma pequena fase secundária de európio (Eu2Ti2O7). **Jain & Panwar (2020)** investigaram o efeito da dopagem de materiais de terras raras (La, Gd, Dy& Yb) em nanopartículas de titanato de bário co-dopado com Sr e Ca (BST-BCT) e estudaram as propriedades estruturais e eléctricas. Observaram que há uma diminuição da temperatura de transição e propriedades eléctricas modificadas. A dopagem de európio com titanato de bário (EBT) foi estudada por **Lu et al. (2005)** utilizando a fórmula de base Ba1-xEuxTi1-x/8O3. Relataram que a cerâmica preparada tem baixa porosidade e tamanho de grão fino com intervalo de 0,7 a 1,0 µm. A diminuição do ponto de Curie foi observada com uma taxa linear de -11° C/mol% de átomos de európio em $x \leq 0,04$ e em $x \geq 0,04$. Os multipods de titanato de bário foram preparados por **Nayak et al., (2013)** na rota de reação de estado sólido de alta temperatura. O estudo dielétrico desses multipods revela que baixa perda dielétrica e alta permissividade. A natureza capacitiva é confirmada pelo gráfico de Bode e pode ser utilizada como dispositivo de armazenamento de carga. A análise dieléctrica dependente da temperatura dá como resultado que a temperatura de Curie dos multipods foi de aproximadamente 85° C.

A dopagem de európio em titanato de bário, película e pó foram sintetizados utilizando o método sol-gel e o método de revestimento por imersão utilizando polivinilpirrolidona (PVP) como modificador de viscosidade por **Hernandez et al., (2009)**. Relataram que o filme com uma espessura aproximada de 500 nm pode ser optimizado para aplicações luminescentes. As propriedades de fotoluminescência, cristalinidade e estrutura cristalina foram estudadas por **Hwang et al., (2015)** usando diferentes técnicas de caraterização. Uma emissão de luz vermelha de 615 nm na técnica uv foi observada e pode ser usada em dispositivos de exibição, aplicações de sinal. **Margarita et al., (2013)** estudaram os nanocristais de titanato de bário dopados com európio preparados pelo método hidrotérmico. A confirmação dos nanocristais também foi indicada pelo método de fotoluminescência, que demonstrou que os iões de európio estão enraizados em pó nanométrico em comparação com a rota convencional de reação em estado sólido. O titanato de bário sintetizado por **Maison et al. (2002)** utilizando a via do catecolato e estudou o efeito da temperatura de calcinação nas propriedades microestruturais e na análise de fases. Utilizando uma mistura de técnicas de XRD e SEM, estudaram o efeito da temperatura no tamanho das partículas, cristalinidade e fase do titanato de bário. O tamanho dos cristais aumenta de 60 nm (600-800^0 C) para 1250 nm a 1300^0 C. O efeito da temperatura de recozimento nas propriedades ópticas do titanato de bário dopado com európio com duas amostras de estrutura multicamada BaTiO3/SiO2 foi estudado por **Gaponenko et al, (2020)** e revelaram o aumento da fotoluminescência na direção normal à superfície, mas a uma temperatura de recozimento > 700^0 C a redistribuição angular da intensidade da fotoluminescência apareceu na imagem. As propriedades piezoeléctricas e dieléctricas do titanato de bário foram estudadas por **Park et al., (1999)** utilizando amostras em forma de cristais e cerâmica texturizada devido à ansiedade ambiental. A propriedade dieléctrica do BaTiO3 em função do tamanho de grão foi estudada por **Gao et al., (2004).** Eles relataram que o tamanho do grão tem um impacto muscular na perda de dissipação e na permissividade. Os baixos valores de permissividade foram atribuídos a um desenvolvimento parcial da estrutura tetragonal. **Miao et al., (2007)** investigaram o efeito da temperatura e do tempo de reação e relataram que as amostras de BaTiO3 estavam em fase cúbica com tamanho de partícula variável entre 70 -100 nm, tempo de reação variando entre 24 - 72 horas e intervalo de temperatura variando entre 165^0 C - 220^0 C. A dependência da constante dieléctrica do método de preparação foi estudada por **Wada et al., (2006)**. Prepararam as partículas de titanato de bário utilizando dois métodos diferentes: um método de decomposição térmica em 2 etapas e outro método de decomposição térmica em 3 etapas modificado. A caraterização destas amostras preparadas resultou numa constante dieléctrica de 15000 para 70 nm e as partículas preparadas no ar resultaram numa constante dieléctrica máxima de 5000 a 140 nm. **Issa et al., (2021)** estudaram as nanopartículas de BaTiO3 dopadas com película de PVA e investigaram as propriedades eléctricas, ópticas e de proteção contra a radiação com diferentes técnicas de caraterização e compararam os resultados com o código FLUKA Monte Carlo. Observou-se que, com o aumento da concentração de BaTiO3, a reflexão da radiação aumenta e o valor da transmissão diminui. O compósito à base de poliestireno dopado com BaTiO3 foi estudado por **Boorman et al. (2014).** Eles estudaram o efeito do tamanho das partículas na permissividade dos compósitos. O tamanho das partículas de enchimento analisado por SEM e os resultados experimentais obtidos por espetroscopia dieléctrica têm uma boa concordância com a equação de Lichtenecker Rother.

Salaoru e Paul (2009) estudaram o fabrico de dispositivos de memória utilizando nanopartículas ferroeléctricas de BaTiO3 implantadas no interior do polímero. Concluem que os resultados das medições I-V e C-V provam que as nanopartículas de BaTiO3 desempenham um papel crucial na biestabilidade eléctrica dos dispositivos de memória em polímero. As propriedades estruturais e dieléctricas das nanopartículas de BaTiO3 dopadas em compósito de polímero de poliestireno foram investigadas por **Emelianov (2015).** Para 5-15% vol. de nanopartículas, a permissividade dieléctrica para o compósito de poliestireno tem os mesmos valores que o modelo de Bruggeman. **Mallick et al., (2020)** investigaram o fluoreto de polivinilideno (PVDF) dopado com titanato de bário para aplicações baseadas em sensores de humidade. O estudo das propriedades dieléctricas mostra que o titanato de bário aumenta o valor da constante dieléctrica e diminui a perda dieléctrica. Os dispositivos sensores de humidade baseados em películas compósitas de 1 % em peso mostraram-se mais lineares e com histerese reduzida em comparação com outros dispositivos baseados em películas. **Barzic et al., (2014)** estudaram o enchimento BaTiO3 e a matriz PS com diferentes propriedades de compósitos. O seu estudo das propriedades dieléctricas mostrou que o aumento da permissividade com uma maior carga de material de enchimento é útil para a aplicação de condensadores. O efeito da espessura da casca sobre as propriedades dieléctricas das nanopartículas BT-PS em compósito de poliestireno foi estudado por **Wang et al., (2014).** O valor da constante dieléctrica foi melhorado pela incorporação de nanopartículas BT e o valor da constante dieléctrica do compósito foi considerado independente da frequência. A resistência à rutura e a perda dieléctrica do compósito BT-PS/PS foi muito maior em comparação com os compósitos BT/PS. **Cao et al., (2015)** também estudaram as propriedades ópticas dos complexos BaTiO3-PSt-Tb^{3+} -Phen usando espetroscopia de fluorescência. Foram registados quatro picos de espectros de emissão de fotoluminescência 490 nm, 546,5 nm, 584 nm e 623 nm. O efeito das partículas de titanato de bário na temperatura de transição vítrea do polímero e o efeito da temperatura no comportamento do poliestireno foram estudados por **Olmos et al., (2014).** Os resultados obtidos a partir da banda de absorção e do desvio espetral dos espectros PS-FTIR foram divididos em três regiões principais, como se segue. A região um foi atribuída à vibração fora do plano da ligação CH e menos sensível para transições térmicas e a região dois foi atribuída a vibrações no plano e muito sensível para transições térmicas. A terceira região foi atribuída a vibrações de estiramento e mostra as maiores alterações nas transições térmicas.

O movimento vibracional da película fina de poliestireno e dos aglomerados de borano integrados no poliestireno foi estudado por **Hanulikova et. al, (2021)** utilizando a espetroscopia de reflexão-absorção no infravermelho (IRRAS). Neste trabalho, o principal objetivo era explicar o comportamento vibracional com a temperatura e relacionar as alterações do movimento vibracional com a temperatura de transição vítrea do poliestireno. O gráfico entre a área e a temperatura de Car-H mostra que a área de C-H diminuiu ligeiramente. Isto pode dever-se à interação sem ligação entre os anéis fenílicos. Assim, as temperaturas de transição observadas para o poliestireno e o PS-B18H22 foram de 74^0 C e 77^0 C, o que é inferior em 31^0 C-34^0 C à temperatura de transição do poliestireno a granel. A dopagem de titanato de bário no compósito de PVC e o estudo da condutividade eléctrica do compósito BaTiO3/PVC foram estudados por **Andonovska et al., (2002).** Estes autores referem que a alteração da condutividade eléctrica e da temperatura de transição vítrea dos compósitos depende do teor de titanato de bário de enchimento. A energia de ativação para a criação e a mobilidade dos iões também muda com a alteração do BaTiO3. **Choi et al., (2006)** estudaram a propriedade dieléctrica dos compósitos PMMA-BT. A constante dieléctrica do compósito dependia do teor de titanato de bário. A baixa constante dieléctrica recomendou claramente a constante dieléctrica da matriz de PMMA. **Qi et al., (2005)** investigaram o nanocompósito de prata com prata 22 (vol. %) e adquiriram um valor de k 308 & 0,05 de perda dieléctrica à frequência de 1 KHz. Neste método, um revestimento fino de ácido mercaptosuccínico sobre nanopartículas de prata de 40 nm foi aleatoriamente disperso na matriz de polímero hospedeiro. **Padalia et al., (2013)** estudaram o comportamento dielétrico de nanocompósitos de poli metacrilato de metilo (PMMA) de titanato de bário dopado com cério. Relataram que a temperatura de transição vítrea depende do tamanho do material de enchimento e as propriedades dieléctricas dos compósitos melhoraram significativamente em comparação com o PMMA. **Wang et al.,(2021)** estudaram a microestrutura, as propriedades ópticas e de fotoluminescência dos compósitos inteligentes BaTiO3/TiO2 e BaTiO3/TiO2/CeO2. As caraterísticas de fotoluminescência dos compósitos inteligentes BaTiO3, BaTiO3/TiO2 e BaTiO3/TiO2/CeO2 demonstraram uma tendência oposta às actividades fotocatalíticas. O efeito do dopante Fe2O3 em filmes compostos de poliestireno Zno e investigação de propriedades dielétricas, condutividade ótica e ópticas não lineares por **Gad et al., (2021).** Os rácios de enchimento melhoram significativamente a maioria das qualidades transparentes das amostras, particularmente as propriedades ópticas não lineares. Consequentemente, estas amostras podem ser consideradas como um material potencial para aplicações ópticas não lineares, como o processamento ótico de dados e os computadores ópticos.

Fuentes et al., (2023) estudaram a caraterização estrutural, a estabilidade e o estudo da citocompatibilidade de heteroestruturas de quitosano BaTiO3@ZnO:Er. De acordo com os resultados, as NPs nuas causam graus variados de toxicidade celular, conforme observado pela diminuição da viabilidade celular, anormalidades morfológicas e um aumento num marcador apoptótico. A citotoxicidade das NPs nuas foi evitada por NPs revestidas com CS, destacando a importância do CS como agente estabilizador. **Yadav et al., (2023)** exploraram as caraterísticas dieléctricas e eléctricas dos compósitos PMMA-BiFeO3-PS 2% divinilbenzeno (PDB). As caraterísticas dieléctricas e eléctricas das películas compósitas de PMMA-BFO-PDB foram cuidadosamente investigadas numa vasta gama de frequências. A constante dieléctrica mais elevada dos compósitos PMMA-BFO-PDB foi de aproximadamente 108, e o fator de perda dieléctrica foi de cerca de 1 para teores de 20 wt% de PDB a 10^2 Hz. A produção de nanocompósitos (PS-PMMA-BaTiO3) para aplicações piezoeléctricas foi estudada por **Oraibi e Kadhim (2022).** Os resultados mostram que quando a frequência dos nanocompósitos (PS-PMMA-BaTiO3) aumenta, o mesmo acontece com a constante dieléctrica e a perda dieléctrica. A condutividade da corrente alternada aumenta com o aumento da frequência. A constante dieléctrica, a perda dieléctrica e a condutividade CA de uma mistura de polímeros PS-PMMA aumentam à medida que a concentração de NPs BaTiO3 aumenta. **Bo et al.,(2023)** estudaram a distribuição de partículas inorgânicas em misturas de polímeros, o que é fundamental para criar compósitos com caraterísticas superiores, tais como qualidades dieléctricas. Para antecipar a distribuição selectiva de BT em misturas PS/PVDF, a energia de ligação e a função de distribuição radial foram estimadas. **Zhang et al. (2023)** investigaram um método simples, de baixo custo e controlado de campo magnético estático para controlar a nanoestrutura, a topografia da matriz e a estimulação eléctrica sem fios nas células. **Sharma e Garg (2023)** investigaram os efeitos da temperatura e das nanopartículas de ZnO na constante dieléctrica e nas caraterísticas de perda de filmes de nanocompósitos de poliestireno. A capacidade acrescida de absorção de água e os defeitos ou armadilhas que surgem nas

películas de nanocompósitos são responsáveis por alterações nas constantes dieléctricas e nos valores de perda. **Wondu et al., (2023)** estudaram compósitos de poliuretano termoplástico com uma elevada constante dieléctrica e condutividade térmica fabricados com um enchimento híbrido CNT@BaTiO3. O compósito preparado apresentou uma estabilidade térmica melhorada, um módulo de armazenamento que foi aproximadamente 300% superior ao da matriz de poliuretano termoplástico puro, maior resistência à tração e alongamento nos valores de rutura, uma melhoria na condutividade térmica de 0,19 W/(m.K) para 0,38 W/(m.K) que foi aproximadamente três vezes superior.
Com base na análise da literatura existente, foi estabelecido que os ajustes no nível de dopagem ou nos elementos dopantes no BaTiO3 podem levar a modificações nas suas caraterísticas estruturais e dieléctricas. Além disso, confirmou-se que o tamanho das partículas exerce um impacto substancial nas propriedades físicas do material. Observou-se que a constante dieléctrica do BaTiO3 sofre alterações com a variação das temperaturas. A nossa ênfase foi dirigida para o aumento da estabilidade da constante dieléctrica num amplo espetro de temperaturas. Além disso, explorámos a utilização de BaTiO3 dopado com Eu como carga dieléctrica numa matriz de poliestireno para criar dispositivos optoelectrónicos multifuncionais.

CAPÍTULO-3

MATERIAIS E MÉTODOS

A utilização de nanocompósitos de polímeros em aplicações de dispositivos electromagnéticos, como a redução do ruído da interferência electromagnética (EMI), é bastante promissora. Como materiais de matriz hospedeira, os polímeros oferecem uma variedade de benefícios que são difíceis de superar. Algumas das qualidades procuradas incluem a simplicidade do processamento, a flexibilidade, a leveza, a resistência à corrosão, etc. Além disso, as caraterísticas dieléctricas e condutoras têm o potencial de serem utilizadas para uma grande variedade de aplicações diferentes. Neste estudo, espécies de carga de nanopartículas contendo titanato de bário dopado com európio foram incorporadas numa matriz polimérica para gerar um nanocompósito. O polímero utilizado como matriz hospedeira foi o poliestireno. O poliestireno foi selecionado como matriz devido às suas conhecidas qualidades isolantes, baixo custo e simplicidade de produção. Além disso, a sua resistência mecânica é excecional. A abordagem de evaporação de solventes foi utilizada para preparar o nanocompósito. Para incorporar estas nanopartículas no poliestireno, foi utilizado um método padrão que inclui ultra-sons e vortexing. Os nanocompósitos foram fabricados em três etapas principais: fabrico do material de enchimento, fabrico do polímero e adição de nanopartículas ao polímero em diferentes quantidades.

3.1 Fabrico de nanopartículas dieléctricas

O titanato de bário é química e mecanicamente muito estável e pode ser rapidamente fabricado e utilizado como amostras de cerâmica policristalina. Atualmente, procura-se que todos os equipamentos de comunicação sejam tão pequenos e leves quanto possível. Devido a esta tendência, os materiais com uma elevada constante dieléctrica, como o titanato de bário (BT), estão a tornar-se mais relevantes na cerâmica. Como sólido, a sua estrutura cristalina é, de alta temperatura a baixa temperatura, hexagonal, cúbica, tetragonal, ortorrômbica e romboédrica. O efeito ferroelétrico pode ser observado em todas as estruturas, com exceção da estrutura cúbica, desde que o tamanho das partículas seja superior a 120 nm (**Tan et al., 2015**). Os métodos de síntese são muito importantes no processo de criação de nanomateriais, uma vez que permitem um controlo preciso das dimensões, formas e estruturas cristalinas dos nanomateriais, bem como a determinação das suas caraterísticas. Existem várias abordagens para a produção de nanopartículas de titanato de bário, incluindo o método de estado sólido, o método de co-precipitação, o método de óxido misto, o método de precursor de ácido orgânico, o método sol-gel e o método de precipitação em emulsão, entre outros. Neste estudo, utilizámos uma técnica de reação em estado sólido para criar nanopartículas de titanato de bário puro e dopado com európio. A fórmula para estas nanopartículas de BT é $Ba_{1-3x/2}Eu_xTiO_2$, onde x=0,000, 0,005, 0,015 e 0,025.

3.1.1 Materiais utilizados na preparação de nanopartículas

Os materiais de partida eram potências finas de carbonato de bário ($BaCO_3$, pureza ≥99%), óxido de európio (III) (Eu_2O_3, pureza ≥99,9%) e óxido de titânio (IV) (TiO_2, anatase, pureza ≥99,8%) adquiridos à Sigma-Aldrich. O etanol foi adquirido à Fisher Scientific (grau ACS). Os pós foram secos num forno de ar quente a 80^0 C durante 6 horas antes de serem utilizados.

3.1.2 Síntese do titanato de bário dopado com európio

Como material de partida, foram utilizados os pós de $BaCO_3$, TiO_2 e Eu2O3. Todos os compostos acima referidos foram torrados individualmente num forno a 80^0 C durante 6 horas, de modo a eliminar quaisquer vestígios de humidade. Os pós secos no forno de $BaCO_3$, TiO_2 e Eu_2O_3 foram misturados estequiometricamente e bem misturados utilizando um almofariz e um pilão no estado seco durante 15 minutos.

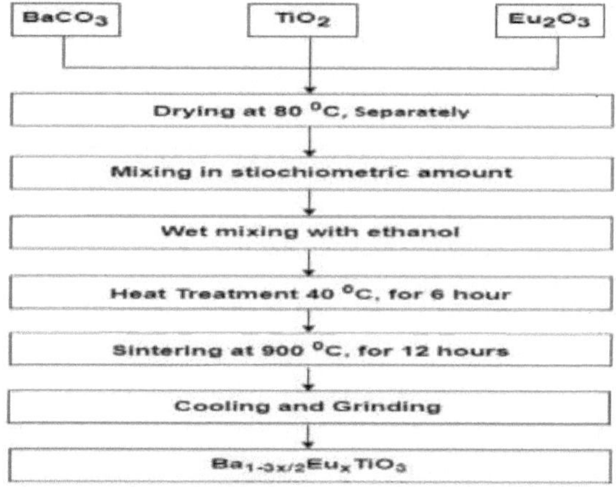

Fig.3.1 Fluxograma do método de síntese

Em seguida, adicionou-se etanol à mistura seca e a mistura foi novamente triturada em etanol durante 30 minutos. Esta mistura foi transferida para uma placa de Petri de vidro de borossilicato e seca na estufa a 40^0 C durante 6 horas para remover o etanol dos precursores. Após a secagem, os precursores foram calcinados a 900^0 C durante 12 horas num forno elétrico programável num cadinho de alumina. As taxas de aquecimento e arrefecimento foram fixadas em 5^0 /min. Após o processo de calcinação e arrefecimento, foram obtidos grumos brancos. Estes grumos foram esmagados com um almofariz e pilão e obtiveram-se pós finos de $BaTiO_3$ puro e dopado. O processo foi repetido mais duas vezes para obter amostras mais homogéneas de $BaTiO_3$ com um mínimo de vestígios de $BaCO_3$ e TiO_2 não reagidos. No final, conseguimos obter um pó branco fino. O passo de preparação do titanato de bário puro e dopado com európio é representado na fig. 3.1. Quando as amostras foram preparadas utilizando a técnica de reação no estado sólido, as teses recebem os códigos $BaTiO_3$, $BaTiO_3$: 0,5% Eu, $BaTiO_3$: 1,5% Eu, e $BaTiO_3$: 2,5% Eu, respetivamente. As quantidades estequiométricas que foram utilizadas na produção das amostras estão detalhadas na tabela seguinte (3.1).

Tabela: 3.1 Preparação da amostra com fórmula de base $Ba_{1-3x/2}Eu_xTiO_3$

Amostra	$BaCO_3$	TiO_2	Eu_2O_3
$BaTiO_3$	2.17074	0.87868	-
$Ba_{0,9925}Eu_{0,005}TiO_3$	2.15446	0.87868	0.0096778
$Ba_{0,9775}Eu_{0,015}TiO_3$	2.12190	0.87868	0.0290334
$Ba_{0.9625}Eu_{0.025}TiO_3$	2.08934	0.87868	0.048389

3.2 Materiais utilizados na preparação de nanocompósitos de polímeros

A Fisher Scientific forneceu o diclorometano (CH_2Cl_2, pureza 99,6%) e o etanol (grau ACS). O poliestireno foi adquirido à HiMedia Chemicals, Índia ($(CH_2CHC_6H_5)_n$, pureza 99%).

3.3 Síntese de nanocompósitos poliméricos (PNCs)

A abordagem de evaporação de solvente foi a que foi utilizada para fazer BaTiO3/PS. No que diz respeito à preparação de nanocompósitos poliméricos, este procedimento é uma das abordagens mais simples (**Romero e Moya 2012**). Demora menos tempo e requer equipamento menos complicado do que outros métodos. Através da utilização desta técnica, um polímero sólido é dissolvido num solvente. Depois disso, o material compósito recebeu carga e foi repolimerizado. Utilizámos o poliestireno como matriz e nanopartículas de titanato de bário (BT) puro e dopado como fase de carga para criar compósitos. Inicialmente, 1000 mg de poliestireno (PS) foram dissolvidos em diclorometano (DCM) e a mistura permaneceu assim durante 4 h. Em seguida, foi homogeneizada utilizando um agitador de vértice durante 30 min e armazenada num recipiente selado durante a noite. Na etapa seguinte, 100 mg de BT puro foram adicionados a 5 ml de etanol e homogeneizados com o agitador de vértice durante 15 minutos. Em seguida, a solução foi submetida a ultra-sons (40 kHz, 140 watts) num banho de ultra-sons durante 30 minutos à temperatura ambiente sob ultra-sons contínuos.

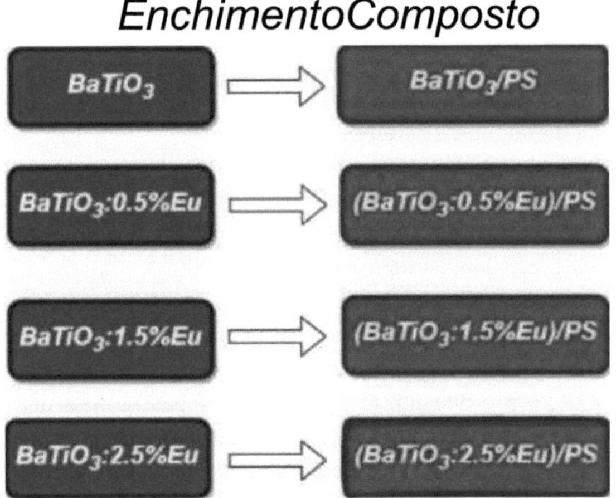

Fig.3.2 Esquema da síntese de diferentes PNCs dieléctricos com diferentes cargas

Esta mistura de carga foi subsequentemente adicionada à mistura de poliestireno e homogeneizada utilizando o agitador de vértice durante 15 minutos, seguido de ultra-sons durante 30 minutos. Em seguida, a mistura foi transferida para uma placa de Petri e deixada durante 2 h à temperatura ambiente. Finalmente, a mistura foi tratada com micro-ondas (2,45 GHz) a 700 watts de potência para fabricar o nanocompósito de polímero. Para a polimerização, o tratamento por aquecimento por micro-ondas proporciona um aquecimento uniforme (**Padalia et al., 2012**). Ao alterar os níveis de carga e de enchimento, podemos produzir uma gama de compósitos. Neste estudo, utilizámos quatro cargas dieléctricas distintas: BaTiO3, 0,5% dopado com európio

BaTiO3, BaTiO3 dopado com európio a 1,5% e BaTiO3 dopado com európio a 2,5%, designados por BaTiO3, BaTiO3: 0,5% Eu, BaTiO3: 1,5% Eu e BaTiO3: 2,5% Eu, respetivamente. Agora, cada espécie de carga é colocada no poliestireno em concentrações variáveis. Estas concentrações são de 10% w/w.

No presente estudo, produzimos quatro amostras de material compósito de titanato de bário, empregando quatro tipos distintos de carga. Estas cargas foram: $BaTiO_3$, $BaTiO_3$: 0,5% Eu, $BaTiO_3$: 1,5% Eu, e $BaTiO_3$: 2,5% Eu, respetivamente. Utilizámos um nível de enchimento de 10% de enchimento em cada um dos compostos de titanato de bário. A primeira amostra tinha 100 mg de BT puro utilizado como material de enchimento, enquanto 1000 mg de poliestireno foi utilizado como matriz hospedeira. Utilizando um sonicador durante 30 minutos, 1000 mg de poliestireno foram dissolvidos em 20 ml de diclorometano (DCM) e a mistura foi então armazenada num frasco que foi hermeticamente fechado durante a noite. Depois de terminada a dissolução de todos os polímeros, foram adicionados 100 mg de carga BT pura à solução e esta foi submetida a ultra-sons.

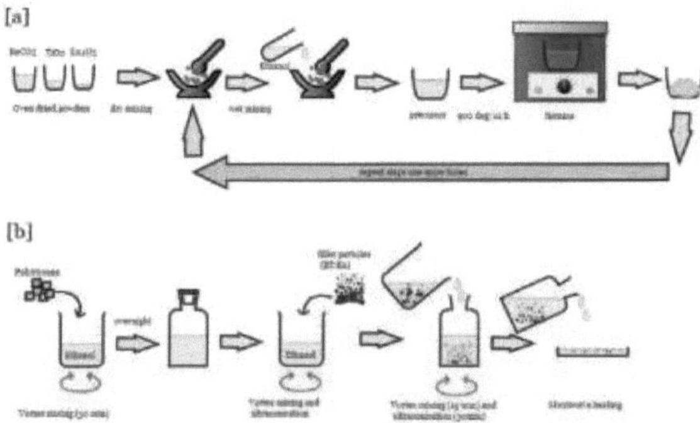

Fig.3.3 Descrição esquemática das etapas de fabrico de (a) $BaTiO_3$: Eu e (b) nanocompósitos poliméricos $BaTiO_3$: Eu/PS.

Depois disso, utilizámos a sonicação para combinar o aquecimento das amostras. Depois de obter uma solução viscosa, as amostras foram colocadas num forno de micro-ondas para reação adicional. Foram aquecidas a 750 watts durante dez minutos, de modo a produzir um material compósito. O processo de polimerização beneficia do aquecimento uniforme do tratamento por micro-ondas. Depois disso, utilizámos um moinho para transformar a amostra de material em pó. Esta amostra foi identificada como $BaTiO_3$/PS. Para criar mais três amostras, utilizámos o mesmo método e as mesmas quantidades de poliestireno e carga, mas substituímos a carga por $BaTiO_3$:0,5% Eu, $BaTiO_3$:1,5% Eu e $BaTiO_3$:2,5% Eu, respetivamente. Estas amostras foram codificadas como ($BaTiO_3$:0,5% Eu)/PS, ($BaTiO_3$:1,5% Eu)/PS, e ($BaTiO_3$:2,5% Eu)/PS. A descrição completa da preparação das cargas e dos nanocompósitos poliméricos é apresentada na figura 3.3 acima.

3.4 Técnica de caraterização:

Os principais desafios enfrentados pelos investigadores nos domínios da nanociência e da nanotecnologia são a falta de aparelhos para monitorizar, medir e modificar materiais à nanoescala. As várias técnicas de caraterização acessíveis no espaço de frequência são a difração de raios X, FTIR, SEM, TEM e UV visível, etc. Uma vez que as amostras tenham sido sintetizadas utilizando qualquer tipo de abordagem, precisamos de compreender as muitas caraterísticas do material sintetizado e é necessário avaliar que informação sobre uma amostra é necessária e com que resolução. Os métodos de caraterização são importantes para a investigação porque ajudam a compreender o material. As abordagens de caraterização estrutural mais utilizadas na investigação em ciência dos materiais para caraterizar nanomateriais e nanoestruturas foram abordadas neste capítulo.

3.5 Difração de raios X:

A difração de raios X é uma ferramenta útil para identificar fases cristalinas em amostras. Também pode ser utilizada para descobrir a estrutura cristalina, o tamanho do grão, a deformação e a tensão, a orientação preferencial dos policristais, os defeitos e a composição das fases, entre outros aspectos. Em 1912, Von Laue descobriu a difração dos raios X pelos cristais. No mesmo ano, enquanto realizava experiências, W. L. Bragg reparou na semelhança da difração com a reflexão normal e calculou uma equação matemática simples que interpretava a difração como reflexão a partir de planos na rede cristalina, ou seja, a lei de Bragg:

$$n\lambda = 2d \sin\theta \qquad (3.1)$$

Onde n = Número inteiro e ordem de reflexão

λ = Comprimento de onda dos raios X.

d = Distância interplanar entre planos paralelos.

θ = Ângulo entre o raio incidente e os planos paralelos

Quando os raios X incidentes interagem com o material cristalino, os raios X difractados são criados por planos atómicos distintos do cristal. Quando a luz de um comprimento de onda específico incide numa amostra, os átomos em planos distintos difractam o feixe de entrada e os raios difractados provenientes de planos separados interagem de forma construtiva ou destrutiva. O feixe difractado só é visível quando a interferência é construtiva e a diferença de comprimento de percurso entre dois raios difractores deve ser igual ao múltiplo integral do comprimento de onda utilizado, como indicado na equação 3.1.

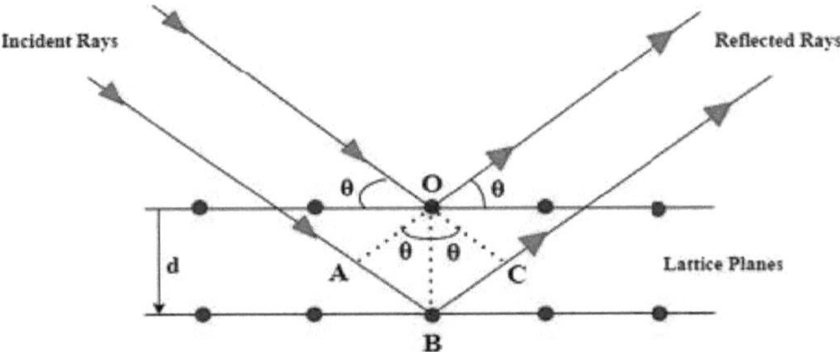

Fig.3.4 Diagrama esquemático da interação dos raios X com os planos cristalinos

O XRD é o método mais preciso para avaliar as deformações uniformes e não uniformes porque as posições dos picos de difração podem ser determinadas com precisão. As posições dos picos de difração são deslocadas por deformação uniforme. A variação no espaçamento d, que é o resultado da alteração das constantes da rede sob uma deformação, pode ser calculada utilizando o deslocamento nas posições dos picos. As deformações não uniformes mudam de cristalito para cristalito, bem como dentro de um único cristalito. Por esta razão, o alargamento do pico de difração aumenta com $\sin\theta$. Além disso, o alargamento do pico depende do tamanho dos cristalitos, mas neste caso o alargamento do pico não depende de $\sin\theta$. Se a deformação não uniforme estiver ausente, o tamanho do cristalito (D) pode ser calculado utilizando a fórmula de Scherrer:

$$D = \frac{K\lambda}{\beta cos\theta} \quad (3.2)$$

Sendo λ = comprimento de onda dos raios X

β = Largura total a meio máximo (FWHM) , θ = Ângulo de difração

K = constante de Scherrer e o seu valor depende da forma do cristalito, geralmente a ordem é unitária para o cristal. Para o cristal cúbico K = 0,94

O difratómetro de raios X é constituído por uma fonte de raios X, um suporte de amostra e um coletor de raios X, como ilustrado na fig. 3.5. Ao atingir a superfície de uma amostra com electrões acelerados, são produzidos raios X de um determinado comprimento de onda num tubo de raios X. Os raios X resultantes são colimados sobre a amostra e incidem nos átomos de uma amostra. Os raios X resultantes são colimados sobre a amostra e atingem átomos numa estrutura de rede, que são difractados e captados por um detetor.

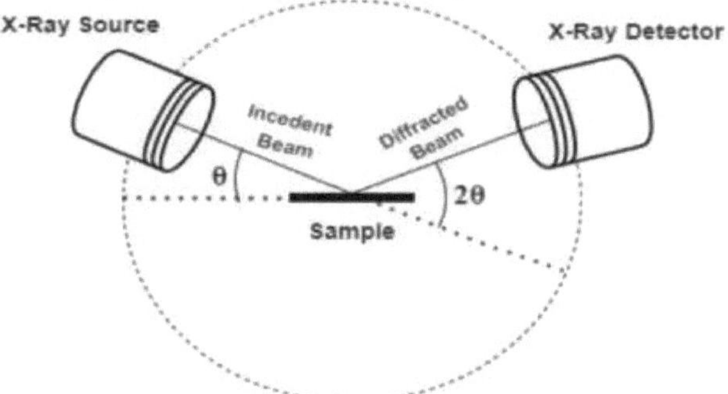

Fig.3.5 Diagrama esquemático do difratómetro de raios X

No meu trabalho de investigação, o exame estrutural foi efectuado utilizando o difratómetro de raios X Ragaku Ultima IV na disposição θ-2θ, colocando a amostra no centro do difratómetro e utilizando a radiação Cu K_{α} (1,5418 Å), como se mostra na fig.3.6 abaixo.

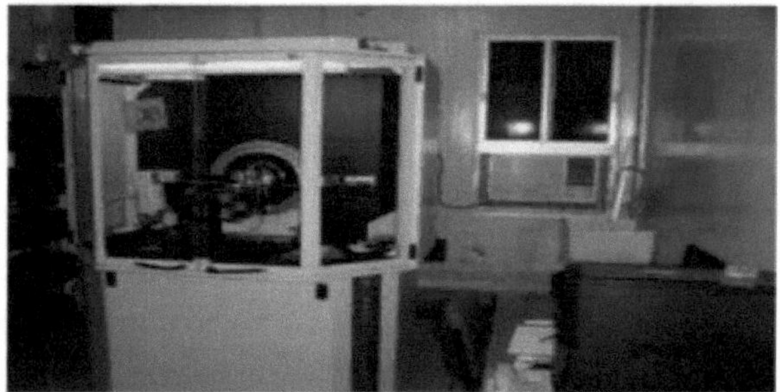

Fig.3.6 Difractómetro de raios X Rigaku Ultima IV

3.6 Espectroscopia de infravermelhos com transformada de Fourier (FT-IR)

A espetroscopia FTIR foi concebida para resolver as limitações dos instrumentos dispersivos. A questão principal era a velocidade de varrimento. Era necessário medir todas as frequências de infravermelhos em conjunto e não separadamente. Para resolver o problema, foi utilizado um instrumento ótico simples chamado interferómetro. O interferómetro gera um sinal que tem todas as frequências de infravermelhos "codificadas". O sinal pode ser medido numa fração de segundo. Assim, a duração da medição de cada amostra é reduzida de muitos minutos para segundos. A espetroscopia de infravermelhos vermelhos é um método eficiente que é frequentemente utilizado para determinar os grupos funcionais em materiais orgânicos e inorgânicos, a estrutura interna de compostos e o tipo de ligações químicas numa molécula. A maioria das vibrações moleculares tem energias que coincidem com a banda de infravermelhos (IR) do espetro eletromagnético, e estas vibrações podem ser observadas e registadas utilizando um espetrómetro de infravermelhos (IR) ou Raman. Assim, a FTIR é uma técnica que utiliza a absorção de infravermelhos para estimular as moléculas a atingir estados vibracionais de energia mais elevada. Quando a luz infravermelha atravessa uma substância, parte dela é absorvida e a restante é transmitida. Consequentemente, os espectros gerados incluem informações sobre a absorção e transmissão das moléculas, criando assim uma impressão digital do material. As moléculas absorvem apenas as frequências de radiação que correspondem às suas frequências vibracionais intrínsecas. Isto aumenta a amplitude das vibrações das ligações. A absorção de infravermelhos é causada por moléculas que alteram os seus estados vibracionais e rotacionais. A eficiência com que a energia dos fotões infravermelhos é transferida para as moléculas afecta a intensidade da absorção. Além disso, o tamanho dos picos indica a quantidade de material. Não existem duas estruturas químicas idênticas com os mesmos espectros de IV. A expressão seguinte pode ser utilizada para converter entre números de onda e comprimentos de onda:

$$\bar{\nu} = \frac{1}{\lambda} \quad (3.3)$$

As bandas de absorção de IV de uma molécula poliatómica estão ligadas à mobilidade dos átomos individuais que constituem a molécula como um todo. Em determinados comprimentos de onda, partes da radiação recebida são absorvidas quando entram em contacto com a radiação infravermelha (radiação IV). Uma vez que existem tantas vibrações diferentes a acontecer ao mesmo tempo, isto resulta num espetro de absorção muito complicado, que é único para os grupos funcionais que compõem a molécula, bem como para a sua disposição geral de átomos. Utilizando dados padrão, os picos foram detectados e comparados uns com os outros. A transmitância, T, de uma amostra é definida como a razão entre a potência radiante transmitida pela amostra (I) e a potência radiante incidente sobre ela (I_0). A absorvância (A) é o recíproco do logaritmo da transmitância na base 10.

$$A = \log_{10}\frac{1}{T} = -\log_{10}T = -\log_{10}\frac{I}{I_0} \quad (3.4)$$

Como a transmitância varia de 0% a 100% T, o espetro de transmitância dá um contraste mais forte entre as intensidades das bandas fortes e fracas. A temperaturas superiores ao zero absoluto, todos os átomos das moléculas estão constantemente a vibrar uns em relação aos outros. Quando a frequência de uma determinada vibração coincide com a frequência da radiação infravermelha incidida na molécula, esta absorve a radiação. A geração de bandas adicionais devido à presença de sobretons, combinações e diferenças de frequências fundamentais, interação de acoplamento de frequências de absorção, vibrações fundamentais e sobretons ou bandas combinadas (ressonância de Fermi). As intensidades das bandas de sobretons, combinações e diferenças são inferiores às intensidades das bandas fundamentais. Como resultado da mistura de todos os componentes, cada composto tem um espetro de IV único. O alongamento e a flexão são as duas formas mais comuns de vibrações moleculares.

Os vários tipos de vibrações são mostrados na figura 3.7 abaixo.

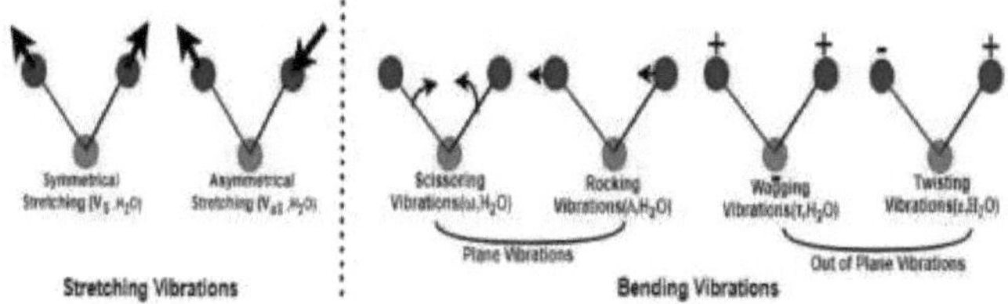

Fig.3.7 Modos vibracionais de uma molécula não linear

Na figura acima, o sinal +ve indica o movimento do plano da página em direção ao leitor e o sinal -ve indica o recíproco do sinal +ve. A figura 3.8 apresenta um diagrama ótico simples de um espetrómetro FTIR típico. Para examinar as amostras, a radiação IV de uma fonte contínua incide sobre a amostra. Dependendo da estrutura molecular do material, parte da radiação IV é absorvida pela amostra e a restante é transmitida. Quando o detetor capta o sinal do interferograma, é utilizado um método matemático muito conhecido, chamado transformação de Fourier, para descobrir como foi produzido. Quando o computador faz isto, o utilizador obtém a informação que pretende para análise.

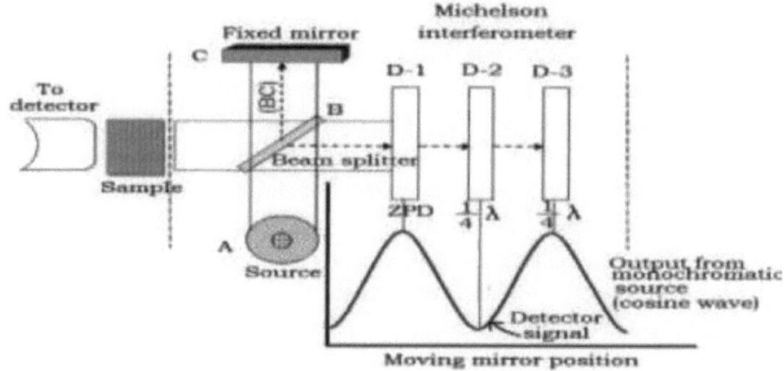

Fig.3.8 Conceção ótica do espetrómetro FTIR

O rácio entre a radiação transmitida e a radiação incidente é apresentado num gráfico com a frequência ou o número de onda da radiação incidente.

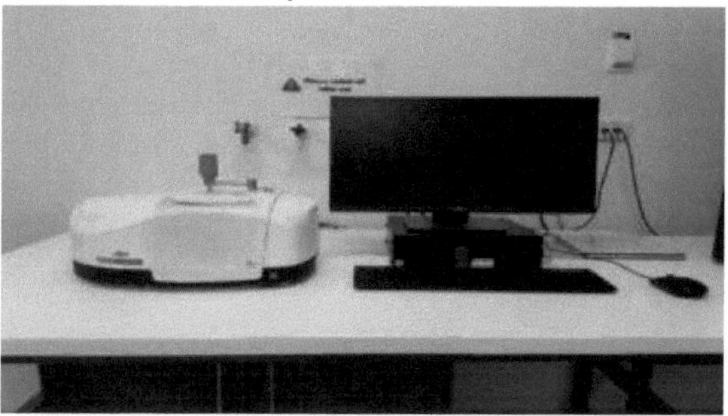

Fig.3.9 Espectrómetro FTIR Perkin-Elmer Spectrum-2

O comprimento de onda da radiação absorvida representa os modos de estiramento e vibração das ligações químicas da amostra. Assim, ao determinar as frequências a que uma amostra absorve ou transmite radiação infravermelha, é possível identificar as várias ligações químicas ou grupos funcionais contidos no material da amostra. Durante esta investigação atual, os espectros FTIR de todos os materiais foram recolhidos num espetrómetro Perkin - Elmer Spectrum Two na gama de números de onda de 4004000 cm^{-1} com um tamanho de passo de 1 cm^{-1} , como se mostra na Fig. 3.9 acima.

3.7 Espectroscopia de absorção ultravioleta-visível (UV-Visível)

A espetroscopia de absorção UV é um método bem estabelecido para estudar a microestrutura dos polímeros, a estrutura das bandas ópticas e as caraterísticas eléctricas. Os espectros de absorção UV resultam do movimento dos electrões de uma molécula orgânica de estados de energia mais baixos para estados de energia mais elevados. A espetroscopia ultravioleta-visível mede a atenuação de um feixe de luz (UV/visível) à medida que este atravessa ou é refletido por uma amostra de material. A estrutura do composto, a espessura da amostra e o comprimento de onda da radiação desempenham um papel na quantidade de energia que a amostra absorve. Esta técnica utiliza luz com um comprimento de onda entre as gamas visível e quase ultravioleta (UV). Esta abordagem faz com que a luz flua através do material que está a ser analisado, e parte da luz é absorvida pela amostra. Consequentemente, para analisar claramente o espécime, este deve ser tão fino quanto possível, permitindo ainda a passagem de alguma luz. Outro aspeto a ter em conta é que a amostra deve ser suportada por um material transparente que deixe passar o comprimento de onda da luz utilizada, como o quartzo. Quando uma amostra é exposta a luz visível ou UV, os electrões de valência do material são estimulados para estados de energia mais elevados a partir do estado de energia mais baixo. Nesta situação, a interação da radiação inclui a excitação e a desexcitação de electrões do estado fundamental. As medições de absorvância podem ser utilizadas para determinar o intervalo de energia de um material e os níveis de impurezas. A regra de Beer-Lambert estabelece que o comprimento da rota de um material (L) e a concentração de espécies absorventes (c) são ambos elementos críticos para determinar a quantidade de luz que pode absorver.

$$A = -\log_{10}\frac{I}{I_0} = \epsilon c L \quad (3.5)$$

Onde I = Luz transmitida

I0 = Luz incidente

$\epsilon =$ 1 coeficiente de absorção molar

Esta expressão fornece informações sobre o coeficiente de absorção molar e o comprimento de onda de maior absorção, o que é frequentemente útil para identificar a molécula. O coeficiente de absorção (α) é determinado utilizando a seguinte equação a partir da absorção (A) e da espessura da amostra (d):

$$\alpha = \frac{A}{d} \quad (3.6)$$

A presença de carga faz com que o bordo de absorção se desloque para um comprimento de onda mais curto ou mais longo. Esta deslocação está relacionada com o intervalo de banda ótica da seguinte forma, utilizando a equação de Tauc.

$$(\alpha h\upsilon)^n = B(h\upsilon - E_g) \quad (3.7)$$

Onde n e B são constantes. O valor de n é 0,5 para a transição indireta permitida e 2 para a transição direta permitida. A curva de absorção lateral de alta energia é extrapolada para obter um intervalo de banda ótica igual à interceção de $(\alpha h\upsilon)^n$ versus $h\upsilon$. A energia de ativação é um parâmetro ótico essencial adicional que pode ser calculado utilizando a regra de Urbach.

$$\alpha = \alpha_0 \exp(hv/E_a) \quad (3.8)$$

Em que α0 e Ea são a constante e a energia de ativação.

A energia de ativação pode ser estimada calculando o recíproco dos declives da parte linear do gráfico ln(α) com a energia do fotão hv. Neste estudo, os espectros de absorção dos materiais na gama de 200-800 nm à temperatura ambiente foram adquiridos utilizando um espetrofotómetro Shimadzu UV1800, como se mostra na figura abaixo.

Fig.3.10 Espectrofotómetro Shimadzu UV1800

3.8 Microscopia eletrónica de varrimento (SEM)

Na década de 1930, a microscopia eletrónica foi desenvolvida para ultrapassar os limites da microscopia ótica, aumentando a ampliação e proporcionando uma elevada resolução. Foi inicialmente introduzida em 1938, com o primeiro equipamento comercial a chegar ao mercado em 1965. A eletrónica necessária para "varrer" o feixe de electrões sobre a amostra foi a principal razão para a dificuldade em tornar esta tecnologia operacional. Para além de ser uma das ferramentas mais flexíveis disponíveis para o exame do aspeto da superfície, o microscópio eletrónico de varrimento (SEM) também pode fornecer informações sobre a microestrutura do compósito polimérico. É utilizada uma tensão relativamente baixa de 1-20 kV para acelerar um feixe de electrões, que é depois varrido sobre a superfície do objeto. Depois de o feixe de electrões colidir com a superfície, é produzido pela superfície um número significativo de sinais, que podem assumir a forma de electrões ou fotões. A amostra emite sinais que são captados por detectores. Estes detectores produzem imagens, que são depois mostradas num ecrã constituído por tubos de raios catódicos. No modo SEM, os electrões secundários são reunidos para gerar a imagem. O microscópio eletrónico de varrimento pode gerar três tipos distintos de imagens: imagens de electrões secundários, imagens de electrões retrodispersos e mapas de raios X elementares. Pensa-se que os electrões secundários (SE) são os electrões que são criados como resultado da dispersão inelástica com electrões atómicos e que têm uma energia inferior a 50 eV. Uma vez que a emissão secundária de electrões a partir da superfície do espécime é frequentemente limitada a uma pequena área à volta do local onde o feixe atinge, podem ser feitas imagens de alta resolução.

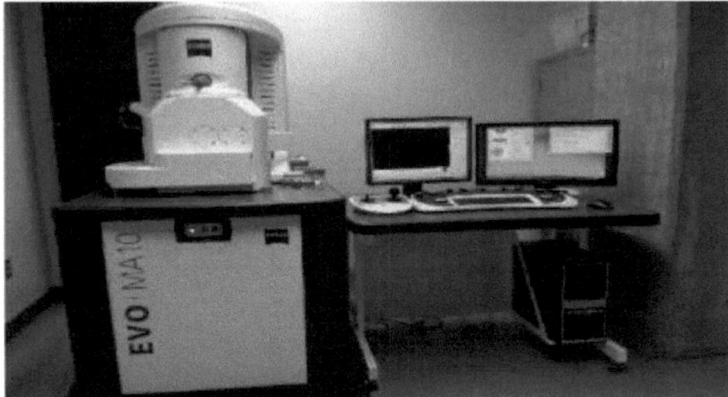

Fig.3.11 Microscópio Eletrónico de Varrimento (SEM) - Zeiss EVO MA10

Os electrões retrodifundidos (BSE) são electrões que foram emitidos a partir do núcleo atómico e têm uma energia superior a 50 eV. A retrodifusão ocorre em materiais de número atómico mais elevado, permitindo a construção de contraste elementar. Após o feixe inicial de electrões colidir com um átomo na amostra, o átomo excitado decai para o seu estado fundamental, ejectando um fotão de raios X ou um eletrão Auger. O detetor EDX pode classificar o sinal de raios X por energia e fornecer imagens elementares. Isto permite ao MEV perceber como determinados elementos se distribuem no espaço. As medições SEM desta tese foram efectuadas com um **FE-SEM Zeiss EVO MA10.** A figura 3.11 apresenta uma ilustração do microscópio eletrónico de varrimento utilizado nesta experiência. A análise de raios X por dispersão de energia, ou EDAX, foi utilizada com um detetor de raios X ligado a um microscópio eletrónico de varrimento (MEV) para descobrir os produtos químicos presentes no material.

3.9 Microscopia Eletrónica de Transmissão (TEM)

Em 1925-1927, Busch descobriu que um campo magnético não homogéneo e rotacionalmente simétrico pode ser utilizado como uma lente de feixe de electrões. Em 1932, Max Knoll e Ernst Ruska foram os primeiros a utilizar feixes de electrões para ampliar imagens e, na década de 1950, os microscópios aperfeiçoados estavam disponíveis em grandes quantidades. A resolução horizontal superior do TEM (ou seja, a distância horizontal entre dois dados de objectos que só podem ser distinguidos um do outro) depende do comprimento de onda da radiação, ou seja, para uma maior resolução, o comprimento de onda deve ser menor. No TEM, a radiação incidente é um feixe de electrões com o seguinte comprimento de onda:

$$\lambda_{nm} = \sqrt{\frac{1.5}{V}} \tag{3.9}$$

Aqui, V representa a tensão de aceleração aplicada aos electrões.

Na microscopia eletrónica de transmissão (TEM), um feixe de electrões é produzido para passar sobre uma amostra fina, e os electrões transmitidos resultantes são vistos para fornecer informações sobre a estrutura interna do material. O canhão de electrões liberta electrões de alta energia, que são depois concentrados por uma lente electromagnética na amostra. Os feixes de electrões transmitidos são depois captados num ecrã fosforescente por meio de lentes objectivas e de projeção. O microscópio eletrónico de transmissão, frequentemente conhecido como TEM, é uma das ferramentas mais poderosas no campo da ciência dos materiais e tem sido muito utilizado no processo de caraterização de nanocompósitos de materiais. A cristalinidade, as alterações químicas, a forma e o tamanho dos grãos e outras caraterísticas da composição dos nanocompósitos podem ser analisadas com uma resolução de um nanómetro ou superior, utilizando este instrumento. Os TEMs mais avançados podem encontrar átomos individuais, falhas na rede e até momentos individuais. O feixe de electrões transmitido pela amostra produz uma imagem ampliada no plano focal posterior do plano de imagem do microscópio. A imagem é ainda mais ampliada por uma lente intermédia, mostrada num ecrã fluorescente e registada numa película fotográfica ou num detetor de carga acoplada.

Fig.3.12 Microscópio Eletrónico de Transmissão (TEM)

A integração de vários métodos sofisticados no TEM aumentou significativamente a capacidade analítica do instrumento. Outras técnicas incluem espectrómetros como a espetroscopia de perda de energia eletrónica (EELS) e a análise de raios X por dispersão de energia (EDX). O modelo Talos Arctica Cryo-Transmission Electron Microscope (HR-TEM) foi utilizado para realizar as medições desta tese. O microscópio eletrónico de transmissão (TEM) que foi utilizado nesta investigação é apresentado na figura 3.12

3.10 Espectroscopia dieléctrica de banda larga (BDS)

Frequentemente, os materiais ferroeléctricos são excelentes dieléctricos. Para a maioria das utilizações dos materiais ferroeléctricos, a constante dieléctrica (ε') e a perda dieléctrica (tanδ) são caraterísticas práticas significativas, e as investigações das propriedades dieléctricas fornecem uma grande quantidade de informações sobre a adequação do material a diversas aplicações. A BDS é uma das abordagens mais adaptáveis para estudar a dinâmica de sistemas complexos, uma vez que possui uma vasta gama de frequências espectrais. A espetroscopia dieléctrica estuda as caraterísticas dieléctricas de um material em função da frequência. Baseia-se na interação entre um campo externo e o momento de dipolo elétrico da amostra, que é frequentemente descrito como permissividade. A capacidade de um material se tornar polarizado quando sujeito ao efeito de um campo elétrico é referida como as suas caraterísticas dieléctricas. As medições das caraterísticas dieléctricas de um material podem fornecer informações sobre a sua polarizabilidade, que depende da estrutura e das propriedades moleculares do material. A espetroscopia dieléctrica, abreviada como DS, é o nome dado ao método que é utilizado para medir as caraterísticas dieléctricas. A espetroscopia dieléctrica pode ser utilizada para avaliar a permissividade relativa complicada dos materiais numa vasta gama de frequências. A permissividade relativa complicada do sistema elétrodo-sólido-electrodo ε* para materiais homogéneos e isotrópicos é definida como:

$$\varepsilon^*(\omega) = \varepsilon'(\omega) - j\varepsilon''(\omega) \qquad (3.12)$$

$$\varepsilon^*(\omega) = \frac{C^*(\omega)}{C_0} \qquad (3.13)$$

Aqui ε'&ε" são a parte real e a parte imaginária da permissividade da relatividade ε*, ω é a frequência angular, c*(ω) e C_0 são a capacitância complexa e a capacitância do elétrodo quando não há material presente.

O módulo elétrico complexo, M, pode ser expresso da seguinte forma

$$M^*(\omega) = \frac{1}{\varepsilon^*(\omega)} \qquad (3.14)$$

A fórmula para a condutividade complexa, ζ*, é a seguinte

$$\sigma^*(\omega) = i\omega\varepsilon^*(\omega) \qquad (3.15)$$

A informação que foi derivada das Equações (3.12), (3.13), (3.14) e (3.15) para o sistema elétrodo-sólido-electrodo pode ser dividida em duas categorias, que são as seguintes

1. As caraterísticas do sólido, como a constante dieléctrica, a relaxação dipolar, a mobilidade das cargas e a condutividade.
2. Detalhes sobre a interface entre o elétrodo e o sólido.

A tangente de perda, denotada pelo símbolo tanδ, é a razão entre a quantidade de energia que foi perdida e a quantidade de energia que foi armazenada para o sistema que consiste em eléctrodos, eléctrodos sólidos e um campo elétrico aplicado para cada período do campo. Assim

$$\tan\delta = -\frac{Im(C^*)}{Re(C^*)} = \frac{\varepsilon''}{\varepsilon'} \qquad (3.16)$$

Para a realização da espetroscopia dieléctrica, utilizou-se um medidor de LCR (HP- Agilent E4980A precision LCR meter), com uma gama de frequências de teste de 20 Hz a 2 MHz e uma resolução de 100 Hz. Através de um cabo de teste, este medidor LCR foi ligado ao suporte de amostras (Agilent 16048 A).

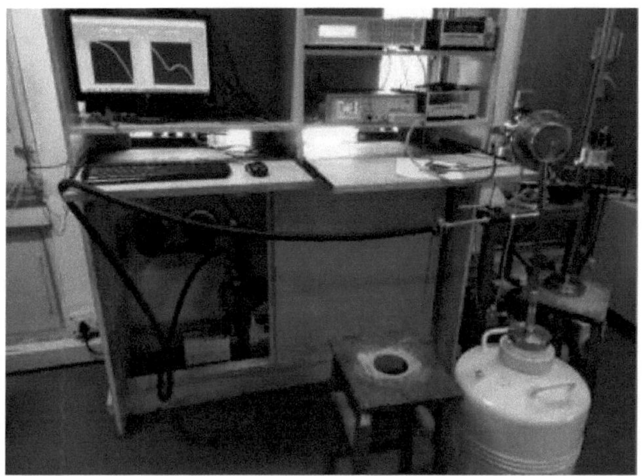

Fig.3.13 Medidor LCR utilizado na espetroscopia dieléctrica

Como se pode ver na Figura 3.13, os dados foram enviados para o computador utilizando a interface GPIB. Em seguida, utilizámos azoto líquido para atingir a baixa temperatura desejada e colocámos o recipiente da amostra no interior do criocan.

CAPÍTULO-4

RESULTADOS E DISCUSSÃO

A parte mais importante deste estudo é representada por este capítulo, que se centra nos resultados e na discussão. As conclusões começarão com uma investigação do material de enchimento e terminarão com os materiais nanocompósitos poliméricos utilizando a difração de raios X (XRD) e a espetroscopia de infravermelhos com transformada de Fourier (FTIR). Estas técnicas fornecem informações sobre a estrutura cristalina, bem como a estrutura química dos materiais de enchimento e PNCs. Depois disso, passamos a uma discussão sobre as ligações entre as caraterísticas físicas dos nanomateriais e as suas dimensões. As propriedades estruturais, eléctricas e térmicas são apenas exemplos das caraterísticas físicas que são abordadas neste estudo. As caraterísticas ópticas e dieléctricas do material foram investigadas utilizando a espetroscopia UV-visível e a espetroscopia dieléctrica de banda larga (BDS). A análise termogravimétrica/análise térmica diferencial (TGA/DTA) e a calorimetria diferencial de varrimento (DSC) são utilizadas para estudar as caraterísticas térmicas de uma substância. Além disso, o tamanho dos cristais foi determinado utilizando xrd em conjunto com várias abordagens, como o método de Scherrer, Williams-Hall, Size-Strain (SSP), etc., e foi confirmado por microscopia eletrónica de varrimento (SEM) e análise de microscopia eletrónica de transmissão (TEM).

4.1 Análise das partículas de enchimento

Os dados de DRX do pó foram recolhidos no difratómetro de raios X RigakuUltima IV utilizando radiação Cu Kα com uma velocidade de varrimento de 2^0 /min entre as gamas 2θ de 20^0 e 70^0 . A análise qualitativa das amostras foi efectuada com o software QualX2.0. Os cálculos do tamanho dos cristalitos e dos parâmetros celulares foram efectuados pelo software de análise XRD EXPO2014. A microdeformação foi calculada utilizando um programa MatLab criado pelo próprio utilizador.

4.1.1 Parâmetros da rede

Em perovskitas ideais do tipo ABO3, seis aniões (O) produzirão uma cavidade octaédrica, que será então preenchida por um catião mais pequeno (sítio B), o que resultará na formação de octaedros BO6. Estes oito vértices, que partilham os octaedros BO6, formam uma cavidade cuboctaédrica, que é habitada por um catião mais maciço (sítio A). Para que a estrutura cúbica não seja distorcida, todos estes octaedros BO6 têm de estar ligados entre si através dos vértices, e a razão entre as ligações A-O e as ligações B-O deve ser de$\sqrt{2}$:1, como ilustrado na Figura 4.1. Várias teorias diferentes foram apresentadas para relacionar os raios iónicos dos catiões do sítio A e B, os aniões e as constantes de rede da perovskite cúbica e pseudocúbica.

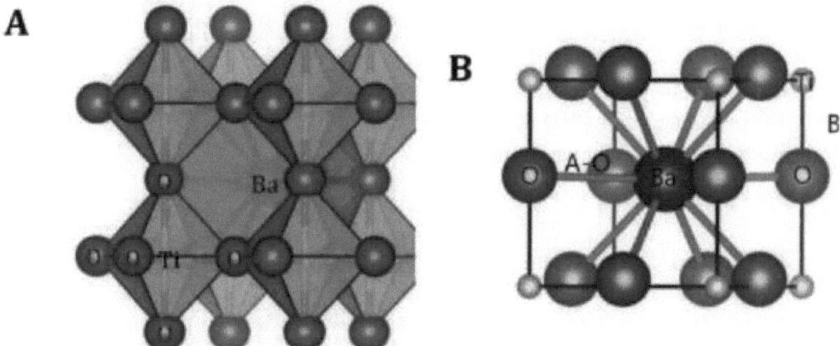

Fig.4.1: Estrutura ideal da perovskite cúbica ABO3 (Pm3m). (A) O ião Ba (catião do local A) está encerrado na cavidade cuboctaédrica formada pela rede de TiO6 que partilha os cantos. (B) Célula unitária da estrutura ideal de perovskite ABO3.

A fim de explicar adequadamente a distorção da rede, Ye et al. sugeriram levar em consideração não apenas os raios dos cátions e ânions, mas também as ligações químicas, a covalência parcial e o número de coordenação. A seguir, a fórmula para o valor sugerido da constante de rede:

$$6r \quad 422r \quad 0066(Z \quad) \qquad (4.1)$$

Onde rA e rB representam os raios iónicos de Shannon, XA e XB representam a eletronegatividade, e ZA e ZB representam a valência dos iões dos sítios A e B, respetivamente.

Além disso, Jiang et al. elaboraram um modelo para a previsão da constante da rede, que foi posteriormente melhorado por Moreira e Dias et al. As

$$\left[1\,8218(r \quad r_O^{II}) \quad \left\{\frac{(r \quad ^{II})}{\sqrt{(\quad ^{II})}}\right\} \quad \right] \qquad (4.2)$$

aqui r r_A^{XII}, r_B^{VI} and r_O^{II} a são os raios iónicos de Shannon do catião do sítio A, do catião do sítio B e do anião oxigénio para o número de coordenação correspondente 12, 6 e 2, respetivamente.

Ubic et al. também criaram um modelo que utiliza a regressão linear para mostrar como os raios iónicos e a constante da rede estão relacionados.

$$a_{Ubic}^{Th} = 0.06741 + 0.49052(r_A^{VI} + r_O^{VI}) + 1.29212(r_B^{VI} + r_O^{VI}) \qquad (4.3)$$

Tabela-4.1: Constantes de rede previstas e experimentais para $Ba_{3}\ Bu_{x}\ TiO_{3}$ $_{1}\ 2^{X}$ **cerâmicas.**

Composição	*Tft' Ye (eq.4.4)	*Tft -Mor'' (eq.4.5)	*Tft' Ubic (eq.4.6)	ββxpt em nm
x=0.000	3.99737	3.99922	4.00704	4.01381
x=0.005	3.99569	3.99689	4.00440	3.99391
x=0.015	3.99233	3.99222	3.99911	3.99144
x=0.025	3.98896	3.98756	3.99382	4.00777

Erro médio %	0.23644	0.24050	0.24290

De acordo com a estequiometria do nosso sistema $Ba_{1-\frac{3}{2}x}Eu_xTiO_3$, , podemos reformular as equações (4.1)-(4.3) da seguinte forma:

$$a_{Ye}^{*Th} = 0.3166\left[\left(1-\frac{3x}{2}\right)r_{Ba}^{XII} + xr_{Eu}^{XII}\right] + 1.422r_{Ti}^{VI} - 0.1708\left[\left(1-\frac{3x}{2}\right)X_{Ba} + xX_{Eu}\right] + 0.0562X_{Ti} - 0.0066(Z_{Ti} - Z_{Ba}) + 2.706 \quad (4.4)$$

$$a_{Mor}^{*Th} = \left[1.8218(r_{Ti}^{VI} + r_O^{II}) + 1.1359\left\{\frac{(\{(1-3x/2)\,r_{Ba}^{XII} + xr_{Eu}^{XII}\} + r_O^{II})}{\sqrt{2}(r_{Ti}^{VI} + r_O^{II})}\right\} - 0.7785\right] \quad (4.5)$$

$$a_{Ubic}^{*Th} = 0.06741 + 0.49052[\{(1-3x/2)\,r_{Ba}^{VI} + xr_{Eu}^{VI}\} + r_O^{VI}] + 1.29212(r_{Ti}^{VI} + r_O^{VI}) \quad (4.6)$$

A Tabela 4.1 apresenta uma descrição do valor das constantes de rede previstas para uma gama de composições (x = 0, 0,005, 0,015 e 0,025), bem como uma comparação da constante de rede com o parâmetro de rede que foi obtido experimentalmente.

4.1.2 Fator de tolerância

Como indicado anteriormente, o material de enchimento dielétrico é o titanato de bário ($BaTiO_3$) e as suas amostras dopadas com európio. Em primeiro lugar, utilizámos o fator de tolerância para verificar a compatibilidade dos dopantes e a influência da dopagem na estrutura cristalina. A fórmula típica para a estrutura do óxido de perovskite é ABO_3, em que "A" representa um grande catião divalente e "B" representa um pequeno catião tetravalente. A estrutura cristalina destes iões é densamente compactada. Se o ião "A" tem o mesmo tamanho que o oxigénio, e se adequam perfeitamente ao seu local de 12 dobras e satisfazem a relação dada:

$$R_O + R_A = \sqrt{2}\,[R_O + R_B] \quad (4.7)$$

Isto demonstra a relação óptima que deve existir entre os raios dos iões numa estrutura de perovskite estável. Os comprimentos das ligações A-o e B-o são um fator crítico na determinação da estabilidade de tais sistemas ABo3. O conceito de estabilidade estrutural da perovskita foi introduzido pela primeira vez por Goldschmidt em termos de uma relação geométrica que veio a ser conhecida como o fator de tolerância de Goldschmidt.

No entanto, a estrutura é tolerante a algumas alterações, pelo que, para o sistema cúbico, a equação (4.1) pode ser modificada da seguinte forma (Bloss, 1972):

$$t \quad \frac{}{\sqrt{}(\quad _O)} \quad (4.8)$$

Onde os raios do cátion A, cátion B e ânion O, respetivamente, são denotados pelas letras R_A, R_B e R_O , respetivamente. Nesta equação, t_G denota o fator de tolerância canónica, que para a perovskite varia tipicamente entre 0,81 e 1,11 **(Xinghua et al., 2004)**. Se tivermos um sistema híbrido poliatómico como $[(A_{1-x}A'_x)(B_{1-y}B'_y)(X_{1-z}X'_z)_3]$, podemos reescrever a equação (4.8) da seguinte forma:

$$t \quad \frac{[(1 \quad x)r \qquad]+[(1 \quad z)r \qquad ,]}{\sqrt{}\{[(\quad y)r \qquad]+[(1 \quad z)r \qquad ,]\}} \quad (4.9)$$

Para uma estrutura de perovskita que seja estável, o valor de tG pode variar entre 0,81 e 1,11.

Se estes limites forem ultrapassados, 0,81≤ tG≤1,11, as estruturas cúbicas ou pseudocúbicas ficarão distorcidas e poderão mesmo ser destruídas. Para uma estrutura cúbica perfeita, tG ~1. Os octaedros com partilha de cantos inclinados foram registados se o valor de tG fosse inferior a um. Por outro lado, se o valor de tG for superior a um, começam a ocorrer fases de partilha de cantos e faces ligadas nas perovskitas do tipo ABO3. Por outro lado, os factores de tolerância fraccionada (t1 e t2) podem ser utilizados se estivermos interessados em determinar o grau de empacotamento dos iões do sítio A e do sítio B:

$$t_1 = \frac{\sqrt{2}[r_A + r_O]}{a} \quad (4.10)$$

$$t_2 = \frac{2[r_B + r_O]}{a} \quad (4.11)$$

Onde "a" representa a constante da rede e a razão entre "t1" e "t2" é o fator de tolerância de Goldschmidt (tG = t1/t2), de acordo com a equação (4.8). As equações (4.10) e (4.11) devem ser modificadas para ter em conta os sistemas poliatómicos.

Ubic et al. utilizaram metodologias de modelização empíricas com a intenção de estabelecer uma relação entre a constante da rede e o fator de tolerância. De acordo com o modelo melhorado, a seguinte expressão deve ser utilizada para calcular o fator de tolerância modificado:

$$t_U = \frac{[a_{PC} - 0.011730139]}{0.7209203[r_B^{VI} + r_O^{II}]} - 1.760998 \quad (4.12)$$

Onde t_u é o fator de tolerância modificado que foi proposto por Ubic et al., r^{VI} e $r^{I}{}_{0}{}^{I}$ são os raios iónicos efectivos do catião do sítio B e do anião O para os números de coordenação 6 e 2, respetivamente. É possível estabelecer a constante de rede pseudocúbica, frequentemente designada por apc, quer por experimentação quer por métodos teóricos. . É possível calcular os tamanhos efectivos dos aniões de oxigénio (rO), das vacâncias de oxigénio (r_V^O) no sítio O e das vacâncias de catião (r_V^{Ba}) no sítio A utilizando as seguintes fórmulas:

$$r_O = (a_p/2) - r_B^{VI} \quad (4.13)$$

$$r_V^{Ba} = -14.4590\,(\,)^2 + 36.9049(t_G) - 20.8796 \quad (4.14)$$

$$r_V^O = -305.775864\,(t_U)^3 + 863.428549\,(t_U)^2 - 813.609546\,(t_U) + 257.011523 \quad (4.15)$$

A tabela 4.2 mostra os valores do fator de tolerância Goldschmidt (tG), dos factores de tolerância fraccionados (t1 e t2) e do fator de tolerância modificado (tU), para diferentes composições (x=0, 0,005, 0,015 e 0,025). A constante de rede experimental (a^{expt}) é utilizada em todos os cálculos da tabela 4.2. A Tabela 4.3 mostra os valores do tamanho efetivo do ião oxigénio (r_O), do tamanho efetivo das vacâncias do sítio A (r_V^{Ba}), e do tamanho efetivo das vacâncias de oxigénio (r_V^O) para diferentes composições (x=0, 0,005, 0,015 e 0,025) e calculados a partir das constantes de rede experimentais para a cerâmica $Ba_{1-\frac{3}{2}x}Eu_xTiO_3$.
2

Tabela-4.2: Fator de tolerância Goldschmidt (t_G), factores de tolerância fraccionados (t1 e t_2), fator de tolerância modificado (t_U)

Composição	t_G (eq.4.9)	t1 (eq.4.10)	t2 (eq.4.11)	t_U (eq.4.12)
x=0.000	1.07061	1.04276	0.9741	1.07857
x=0.005	1.06855	1.04595	0.9789	1.06445
x=0.015	1.06445	1.04257	0.9796	1.06269
x=0.025	1.06034	1.03432	0.9756	1.07428

Tabela-4.3: Tamanho efetivo do ião oxigénio (r_0), vagas no sítio A ($r^{\wedge a}$) e vagas de oxigénio (r^0) calculadas a partir das constantes de rede experimentais para as cerâmicas de $Ba1_{-3x/2}$ Eu_x TiO3

Composição	r_0 (eq.4.13)	r_{Ba} V^r (eq.4.14)	r $v^{0\,r}$ (eq.4.15)
x=0.000	1.40191	2.05814	0.25311
x=0.005	1.39196	2.04588	0.48600
x=0.015	1.39072	2.02098	0.51166
x=0.025	1.39888	1.99560	0.32887

4.1.3 Análise XRD dos materiais de enchimento dielétrico

Os padrões de difração de raios X para materiais puros e dopados com a fórmula Ba1-3x/2EuxTiO3, em que x=0,000, 0,005, 0,015 e 0,025) são apresentados na figura 4.2.

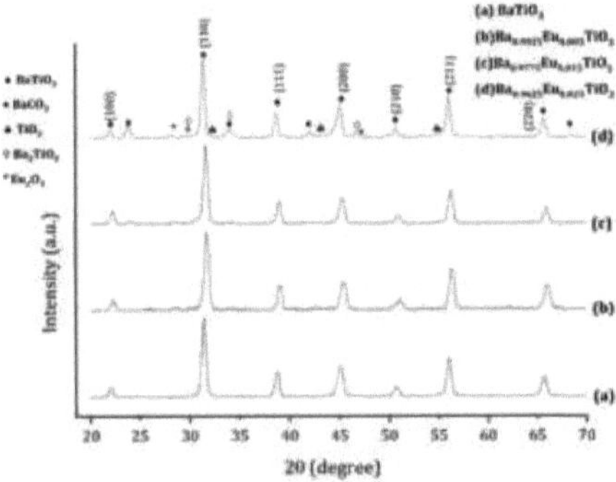

Fig.4.2: Padrões de XRD do pó das cerâmicas Ba1-3x/2EuxTiO3 para x=0,0, 0,005, 0,015 e 0,025.

Para efetuar as análises qualitativas e quantitativas das amostras, foram utilizados os programas informáticos QualX e Expo, respetivamente.

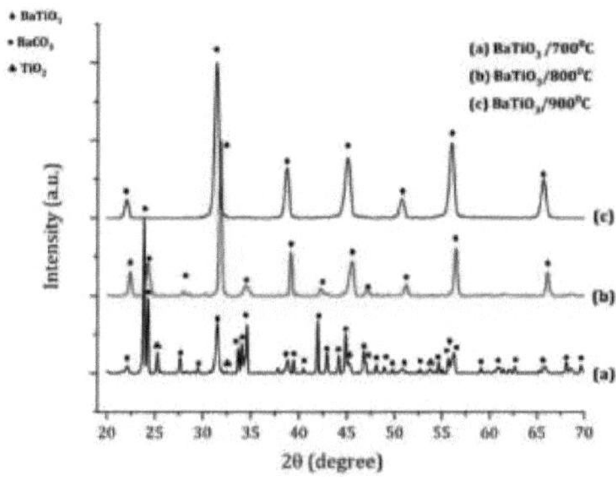

Fig.4.3: Padrões de XRD do pó das cerâmicas de BaTiO3 calcinadas a diferentes temperaturas

temperaturas.

Os resultados das experiências tornam bastante evidente que todos os picos do titanato de bário e dos seus derivados dopados são cristalinos e bem definidos (Fig. 4.2). De acordo com os resultados da análise QualX, os picos das amostras puras e dopadas estão em conformidade com as estruturas do titanato de bário publicadas no passado. Neste caso, a base de dados ICDD (PDF2) foi utilizada para a identificação de fases e serviu como base de dados de referência. É interessante que alguns resíduos de BaCO3 não reagido (cartão ICDD n.º 00-045-1471) e TiO2 (cartão ICDD n.º 00-023-1446) foram descobertos para amostras de titanato de bário puro calcinadas a temperaturas de 700 °C e 800 °C, respetivamente, como se mostra na figura 4.3.

Quando aumentamos a temperatura de calcinação de 700 °C para 900 °C, a fase de titanato de bário (cartão ICDD n.º 00-075-0212) torna-se mais dominante, enquanto as fases BaCO3 (cartão ICDD n.º 00-045-1471) e TiO2 (cartão ICDD n.º 00-023-1446) são grandemente reduzidas a 900 °C, como se mostra na figura 4.3. Esta temperatura foi selecionada para ser utilizada como a temperatura final de calcinação para todas as restantes amostras. O exame cuidadoso das amostras dopadas revelou que as fases de impureza de Ba2TiO4 (cartão ICDD n.º 00-070-1377), Eu2O3 (cartão ICDD n.º 00-043-1009), BaCO3 (cartão ICDD n.º 00-045-1471) e TiO2 (cartão ICDD n.º 00-023-1446) foram detectadas a concentrações de dopagem mais elevadas, em particular a uma concentração de dopagem x = 0,025 (Figura 4.2). Verificou-se também (anteriormente) que havia vestígios de TiO2 e Eu2O3 em SrTiO3, mas numa concentração maior. A reação química pode ser usada para explicar a formação de BaTiO3 juntamente com os vestígios de impurezas que ocorrem em concentrações mais elevadas.

$$2BaCO_3 + 2TiO_2 + Eu_2O_3 \rightarrow BaCO_3 + TiO_2 + BaTiO_3 + CO_2 + Eu_2O_3 \quad (4.16)$$

$$2BaCO_3 + TiO_2 + Eu_2O_3 + BaTiO_3 \rightarrow Ba_2TiO_4 + BaTiO_3 + 2CO_2 + Eu_2O_3 \quad (4.17)$$

Os raios relativos dos iões, a estrutura do cristal e a afinidade química desempenham todos um papel na substituição do dopante. A troca de Eu^{+3} por Ba^{+2} resultará numa mudança na

concentração de sítios vagos, o que é necessário para garantir que a carga se mantém inalterada. A quantidade de energia necessária para substituir um dopante num sítio da rede é diretamente proporcional à quantidade de deformação na estrutura cristalina que ocorre durante o processo de dopagem, bem como ao número de defeitos compensatórios que são produzidos. Assim, a energia de formação de defeitos compensatórios é a única coisa que pode controlar a forma como o dopante entra na estrutura cristalina. Consequentemente, a incorporação do dopante na estrutura cristalina é determinada pela energia de formação de defeitos compensatórios numa abordagem autêntica. Também deve ser salientado que não há necessidade de um nível tão elevado de energia se o dopante for depositado nos limites dos grãos. Para substituir os iões Eu^{+3} na estrutura cristalina é necessária uma quantidade crescente de energia à medida que a concentração de Eu^{+3} começa a aumentar;
No entanto, esta necessidade de energia é minimizada se o Eu2O3 estiver presente nos limites dos grãos, onde já está presente em quantidades suficientes. Esta é uma das explicações prováveis para a existência de vestígios de impurezas em maior quantidade nos resultados da presente experiência. A presença destes pequenos resíduos de impurezas pode ser reduzida ao mínimo através do prolongamento do processo de calcinação e do aumento da temperatura. Hernandez-Lara et al. também observaram a presença de vestígios de Eu2O3 no titanato de bário dopado a concentrações maiores e a uma temperatura de 900^0 C; no entanto, estes vestígios deixaram de ser detectáveis quando a amostra foi aquecida a uma temperatura mais elevada. O método de Williamson-Hall foi utilizado para determinar o tamanho dos cristais, bem como a deformação produzida no processo de síntese do composto.

$$\beta cos\theta = (4sin\theta) + \lambda/D \qquad (4.18)$$

Em que D é o tamanho do cristalito, θ é o ângulo de difração, ε é a deformação induzida, λ é o comprimento de onda dos raios X e β é a FWHM que representa a largura total a meio máximo.

Tabela-4.4: Valores calculados do tamanho dos cristalitos (D), deformação (ε), densidade de deslocação (δ) e densidade de raios X ($p_{x\text{-}ray}$) para a cerâmica $Ba_{1-\frac{3}{2}x}Eu_xTiO_3$

.

Composição	D em nm (eq.4.18)	$\varepsilon x10^{-4}$ (eq.4.18)	$\delta x10^{-4}$ em nm^{-2} (eq.20)	*Raio* Px^{in} g/cm3 (eq.21)
x=0.000	29.91	9.1034	1.11780	5.98728
x=0.005	54.03	1.3419	0.34255	6.05038
x=0.015	21.63	5.2150	2.13740	6.00784
x=0.025	70.21	8.8507	0.20286	5.88157

A deformação, bem como o tamanho dos cristalitos, podem ser determinados utilizando a ferramenta MatLab que foi descrita no nosso trabalho anterior. Os valores calculados para os parâmetros experimentais da rede e para o tamanho dos cristalitos podem ser encontrados na tabela 4.1 e na tabela 4.4, que também é incluída aqui.
Os modelos teóricos de previsão da constante de rede foram considerados extremamente compatíveis com os valores experimentais dos parâmetros de rede das amostras de titanato de bário puro e dopado com Eu^{+3} (eqs. 4.4-4.6). Os modelos sugeridos por Ye et al., Moreira et al. e Ubic et al. parecem ser os mais adequados para esta investigação, com erros percentuais

médios de 0,236447, 0,24050 e 0,24290, respetivamente (Tabela 4.1). Além disso, foram avaliados os outros modelos teóricos de previsão da constante da rede, e descobrimos que o erro percentual médio variava entre 0,26283 e 2,70852 para vários modelos, como se mostra na tabela (4.5). A amostra de titanato de bário puro utilizada nesta investigação é consistente com o número de cartão ICDD 00075-0212. A amostra de titanato de bário puro tinha um volume experimental de célula unitária que foi descoberto como sendo 64,67 $Â^3$, que é um pouco menor do que o que foi relatado anteriormente (cartão ICDD nº 00-075-0212).

Tabela-4.5: Constantes de rede previstas e experimentais para a cerâmica $Ba_{1-\frac{3}{2}x}Eu_xTiO_3$

1 2^X .

Composição	a*th " Verma	*Tft Jiang I''/	*Tft' ^'Jiang.2	gβXpt
x=0.000	4.12492	4.01529	4.07253	4.01381
x=0.005	4.11835	4.01245	4.06959	3.99391
x=0.015	4.10522	4.00679	4.06372	3.99144
x=0.025	4.09209	4.00113	4.05784	4.00777
Erro médio %	2.70961	0.26283	1.60450	-

Esta diminuição do tamanho pode ser justificada por referência ao efeito de tamanho. O rácio entre a área de superfície das partículas e o seu volume total começa a aumentar à medida que o tamanho dos materiais começa a diminuir. As partículas superficiais têm um valor elevado de tensão superficial e energia superficial na sua composição. Como resultado, as partículas começam a encolher, o que resulta numa diminuição do tamanho da célula unitária. Isto é feito para reduzir a energia de superfície. Quando a concentração dopante de Eu^{+3} começa inicialmente a aumentar, os valores dos parâmetros experimentais da rede começam a diminuir. No entanto, quando a concentração dopante é x = 0,025, detecta-se um aumento nos valores dos parâmetros experimentais da rede (Tabela 4.1). Por outro lado, teoricamente, os parâmetros da rede (equações 4.4 - 4.6) diminuem de forma contínua (Tabela 4.1). Uma possível explicação para esta caraterística é a ocorrência de uma substituição parcial das espécies iónicas no interior da célula unitária. Os raios dos iões Ba^{+2} , Ti^{+4} , e Eu^{+3} , respetivamente, são 1,61 Â (para o número de coordenação 12), 0,605 Â (para o número de coordenação 6), e 1,28 Â (para o número de coordenação 12). Devido ao facto de o raio iónico do ião Eu^{+3} ser maior do que o do ião Ti^{+4} mas menor do que o do ião Ba^{+2} , é razoável assumir que os iões Eu^{+3} substituirão os iões Ba^{+2} no sítio A. Os dados experimentais fornecem provas claras de que, até uma percentagem de dopagem de 1,5%, os iões Eu^{+3} substituem efetivamente os iões Ba^{+2} , o que excede ligeiramente o limiar proposto por **Rabuffetti et al., (2014)**. O raio iônico não é o único fator que determina a ocupação do local; a eletronegatividade e a valência do dopante também são fatores importantes. Na escala de Pauling, a eletronegatividade do Ba é de 0,89, a do Eu é de 1,54, e a do Ti e do O é de 1,2 e 3,44, respetivamente. A diferença de eletronegatividade entre Ba-O, Eu-O e Ti-O é, por ordem decrescente, 2,55, 1,90 e 2,24. Os iões com cargas de Ba^{+2} , Eu^{+3} e Ti^{+4} têm um raio covalente de 1,96, 1,68, 1,36 e 0,63, respetivamente. O comprimento da ligação ($r_{C\text{-}O}$) pode ser calculado como:

$$r_{C-O} = r_C + r_O - (|X_C - X_O|) \quad (4.19)$$

Em que β (0,09 Â) é uma constante, r_c é o raio covalente do átomo do sítio A ou B, r_o é o raio covalente do oxigénio, enquanto XC é a eletronegatividade do átomo do sítio A ou B e XO é a eletronegatividade do átomo de oxigénio.

Os comprimentos de ligação das ligações Ba-O, Eu-O e Ti-O foram calculados como 2,360 Â, 2,139 Â e 1,788 Â, respetivamente. É muito claro que a ligação Ti-O é a mais fraca de todas, e os átomos serão mantidos muito apertados devido ao contacto causado pela força de Coulomb. À luz deste facto, é necessária uma quantidade significativa de energia para ejetar um átomo de titânio, em contraste com a remoção de um átomo de bário. Como consequência, não é de todo descabido assumir que os iões Eu^{+3} irão para o Asite. Como resultado desta migração de Eu^{+3} , o carácter covalente da ligação formada no local A- é mais forte, e o comprimento da ligação A-O começa a encurtar. Consequentemente, a diminuição dos parâmetros de rede (x = 0,005 e x = 0,015) observada nas amostras dopadas com Eu^{+3} está relacionada com a diminuição do tamanho iónico e o aumento da eletronegatividade causados pela dopagem com európio. Devido à disparidade de carga, é importante salientar que a alteração dos iões Eu^{+3} no sítio A para iões Ba^{+2} resultaria numa ordenação de carga diferente da anterior. O processo de compensação de carga ocorre principalmente através da síntese de metal vazio (no sítio A ou B, ou em ambos), ou pela formação de electrões. A notação de Kroger-Vink para esta troca específica pode ser expressa da seguinte forma:

$$Eu_2O_3 + BaTiO_3 \rightarrow 2Eu^{\bullet}_{Ba} + V''_{Ba} + 3O_O^X \quad (4.20)$$

De acordo com esta equação, será formada uma vacância catiónica (V' B'a .) no sítio A, de modo a manter a neutralidade da carga por cada dois iões da espécie Eu^{+3} que migram para lá. É possível atribuir uma carga de -2 à vacância Ba- (У "Ba)- Esta vacância no sítio A também pode ser vista como uma espécie carregada. O aumento da concentração de Eu^{+3} resulta num aumento do número de vagas catiónicas, denotadas por V"Ba·

Esta redução do fator de tolerância Goldschmidt é causada pela substituição dos iões Ba^{+2} (1,61 Â) por iões Eu^{+3} (1,28 Â) (eq. 4.8). Como consequência direta deste facto, o tamanho efetivo da vacância catiónica (V''_{Ba}) começa a diminuir (Tabela 4.3). Também é importante notar que a dopagem com Eu^{+3} , devido ao menor tamanho do dopante, diminui o comprimento das ligações A-O, mas, ao mesmo tempo, causa um aumento na quantidade de vacâncias catiónicas (V''_{Ba}). A rede tem uma série de vazios importantes neste local. Devido ao efeito de Coulomb, os iões de oxigénio circundantes são repelidos por estas vacâncias.

Consequentemente, o menor comprimento da ligação A-O pode estar relacionado com o menor raio e a maior eletronegatividade do dopante, o que se reflecte no menor parâmetro de rede. Entretanto, as vacâncias catiónicas estão a trabalhar para aumentar o parâmetro de rede. Os iões de oxigénio circundantes são igualmente afectados por estas vacâncias catiónicas. O número de coordenação tem um efeito sobre o raio iónico. O aumento das vacâncias catiónicas diminui o número de coordenação dos iões de oxigénio. Como consequência direta deste facto, o raio iónico dos iões de oxigénio começa a diminuir à medida que a quantidade de dopagem aumenta (Tabela 4.3). Devido à interação entre estes processos, os parâmetros da rede sofrem uma redução muito pequena (Tabela 4.1). Foi detectado um aumento dos parâmetros experimentais da rede com vestígios de elementos que não reagiram quando a concentração de dopagem era x = 0,0025 (Fig. 4.2). É necessário localizar uma quantidade significativa de TiO2 não reagido para obter um equilíbrio na dopagem do Eu^{+3} , o que pode ser conseguido através da produção de vacâncias de titânio ou da redução da valência do titânio.

$$Ba_{1-\frac{3}{2}x}Eu_xTiO_3 \rightarrow (1-x)\left[\left(Ba^{+2}_{\frac{1-\frac{3}{2}x}{1-x}}Eu^{+3}_{\frac{x}{1-x}}\right)\left(Ti^{+4}_{\frac{1-2x}{1-x}}Ti^{+3}_{\frac{2x}{1-x}}\right)\right] + xTiO_2 \qquad (4.21)$$

Por conseguinte, a presença de compostos não reagidos a níveis de dopagem mais elevados resulta do processo de compensação de cargas que ocorre nos locais B. Isto pode ser visto na figura 4.2. A diminuição da carga catiónica no local B resulta numa redução da atração Coulombiana. Como consequência, o relaxamento da rede pode resultar num aumento dos valores dos parâmetros da rede. Os dados fornecidos pelo fator de tolerância fraccionada apoiam esta conclusão (Tabela 4.2). Se o valor dos factores de tolerância fraccionada (t1 ou t2) for superior à unidade, então os átomos ficarão compactados firmemente, mas se o valor for inferior à unidade, então os átomos deverão mover-se nas suas respectivas localizações (eq. 4.10-4.11).

O fator de tolerância fraccionada, denotado por t2, tem outra correlação com os iões no local B. O valor de t2 aproxima-se da unidade à medida que o nível de dopagem aumenta, com exceção da concentração em que x é igual a 0,025 (Tabela 4.2). Com base neste padrão, parece que a dopagem faz com que os iões no local B se tornem mais densamente compactados. A natureza pendente dos iões do local B foi indicada pela observação de uma queda em t2 quando x = 0,025, o que se verificou ser o caso. Ao mesmo tempo, foi detectada uma queda em t1 após a dopagem, o que mostra que os iões do sítio A ficaram menos compactados após a dopagem. O fator de tolerância, que pode ser encontrado nas equações 4.9 e 4.12, fornece informações sobre a estabilidade global da estrutura de perovskite. O fator de tolerância de Goldschmidt, indicado na equação 4.9, diminui à medida que a concentração de dopagem aumenta e aproxima-se da unidade. Isto sugere que as distorções estruturais começam a relaxar e o material atinge uma forma que é mais estável como resultado. O mesmo padrão é mostrado com o fator de tolerância modificado (eq. 4.12), embora tenha sido observado um aumento de tU em x = 0,025 (Tabela 4.2). Além disso, os estudos foram efectuados para os factores de tolerância de Goldschmidt e modificado (eqs. 4.9 e 4.12) utilizando vários modelos de previsão da constante da rede (eqs. 4.4- 4.6). As conclusões que foram calculadas utilizando as eqs. 4.4 e 4.5 são comparáveis aos dados experimentais que foram utilizados para calcular este sistema. A Tabela 4.4 apresenta um resumo das micro-deformações e dos tamanhos dos cristalitos para as amostras puras e dopadas. Estas alterações da rede, juntamente com o efeito de confinamento do tamanho e os defeitos do cristal, são as causas principais das micro-deformações.

Espera-se que ocorra uma força líquida na célula unitária como consequência da redução do tamanho das partículas, que se revelará como uma micro-deformação. Além disso, a diminuição do tamanho resulta num aumento do número de falhas na rede, o que constitui outro fator que contribui para a deformação. O titanato de bário puro apresenta a deformação máxima, mas a deformação em todas as amostras dopadas aumenta com o aumento da concentração de dopagem (Tabela 4.4). É razoável assumir que o titanato de bário puro não continha quaisquer falhas de vacâncias resultantes de impurezas externas. Por conseguinte, a elevada deformação no titanato de bário puro pode ser atribuída ao impacto do tamanho das partículas. A presença de defeitos de vazio em amostras dopadas pode ser responsável pelo aumento da deformação que se observa nestas amostras. Além disso, os valores elevados de deformação para x = 0,015 e 0,025 podem ser justificados se se tiver em consideração o efeito de confinamento do tamanho, bem como a existência da fase secundária. É essencial salientar que a amostra com a concentração de x = 0,015 tem os parâmetros de rede experimentais mais baixos e o tamanho de cristalito mais pequeno de todas as amostras (Tabela 4.1 e Tabela 4.4). Esta circunstância tem o potencial de causar deformação como resultado da compressão dos parâmetros da rede, que é um resultado direto do confinamento do tamanho. Em contraste, a amostra com uma concentração de x igual a 0,025 apresentou os parâmetros de rede e o tamanho de cristalito máximos experimentais entre todas as amostras dopadas (Tabela 4.1 e Tabela 4.4). Como resultado, podemos ignorar o significado da restrição de tamanho. É plausível que a existência de muitas fases seja a causa da elevada deformação na amostra com o valor x=0,025 (Fig. 4.2). Estas fases podem contribuir para um aumento da desordem e podem também favorecer a tensão e a deformação no interior da célula unitária.

Além disso, a densidade de deslocação (δ), que fornece informações sobre as linhas de deslocação por unidade de volume do cristal, é determinada pela seguinte fórmula

$$\delta = \frac{n}{D^2} \tag{4.22}$$

Onde n = 1 representa a densidade de deslocação mais baixa, e d representa o tamanho do cristalito.

A Tabela 4.4 apresenta um resumo de todos os valores de densidade de deslocação para as várias composições que foram medidas. Qualquer aumento da densidade de deslocação está diretamente relacionado com um aumento da desordem, e qualquer diminuição da densidade de deslocação está diretamente relacionada com uma diminuição da desordem. Com a exceção de x = 0,015, os dados mostram que quando a quantidade de dopagem aumenta, a desordem diminui.

A densidade de raios X é dada pela seguinte equação:

$$\rho_{x\text{-}ray} = ZM/VN_A \tag{4.23}$$

em que Z é o número de moléculas por célula unitária, M é o peso molecular, V é o volume da rede e N_A é o número de Avogadro.

Quando comparada com a amostra que não tinha sido dopada, a amostra dopada apresentava uma densidade de raios X mais elevada do que a amostra que não tinha sido dopada. Para além disso, a quantidade de densidade de raios X começa a diminuir à medida que a concentração de dopagem aumenta (Tabela 4.4).

4.1.4 Análise de infravermelhos por transformada de Fourier (FT-IR) de materiais de enchimento dielétrico

O espetrómetro de infravermelhos com transformada de Fourier (Perkin-Elmer, Spectrum Two) foi utilizado para fazer uma análise da estrutura química. Os espectros FTIR foram obtidos em comprimentos de onda que variam entre 400 e 4000 cm^{-1} com um tamanho de passo de 1 cm^{-1} . Para realizar a análise FTIR nas amostras, estas foram primeiro peletizadas com pó de KBr e, em seguida, os dados foram recolhidos utilizando o modo de transmissão. Os espectros de infravermelhos com transformada de Fourier (FTIR) das amostras puras e dopadas são apresentados nas Fig.4.4 a Fig.4.6. A estrutura química dos materiais é apresentada em todas estas figuras. As regiões com as bandas de absorção mais fortes situam-se entre 400 e 800 cm^{-1} , 950 e 1100 cm^{-1} , e 1350 e 1800 cm^{-1} , como se mostra na Fig.4.4. Observou-se que as vibrações de estiramento Ti-OI dos octaedros de TiO6 são responsáveis por um grande pico centrado a 540 cm^{-1} e apoiado pelo trabalho efectuado no passado **(Perry et al., 1957)**. Além disso, duas bandas adicionais manifestaram-se perto de 440 cm^{-1} e 414

cm^{-1} , como se mostra na Fig.4.5.

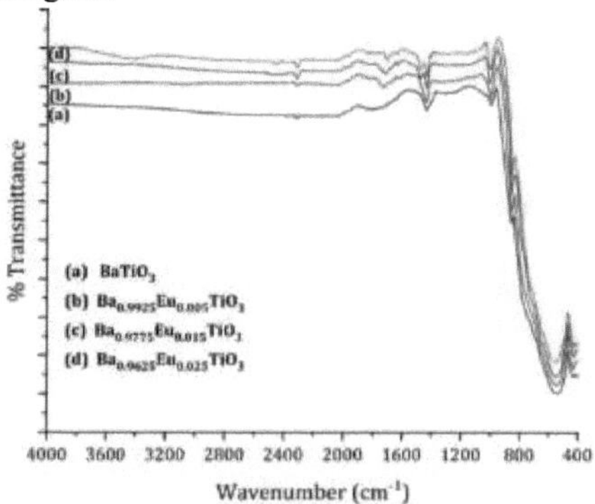

Fig.4.4: Espectros de FTIR à temperatura ambiente de ($Ba_{1-3x/2}Eu_x$)TiO3 para todas as amostras na gama 4000-400 cm^{-1} .

As vibrações da ligação Ba-O são responsáveis pela gama de frequências que pode ser observada perto de 440 cm^{-1} . As vibrações de flexão Ti-OII dos octaedros de TiO_6 podem ser responsáveis pela banda fraca que se localiza perto de 414 cm^{-1} .

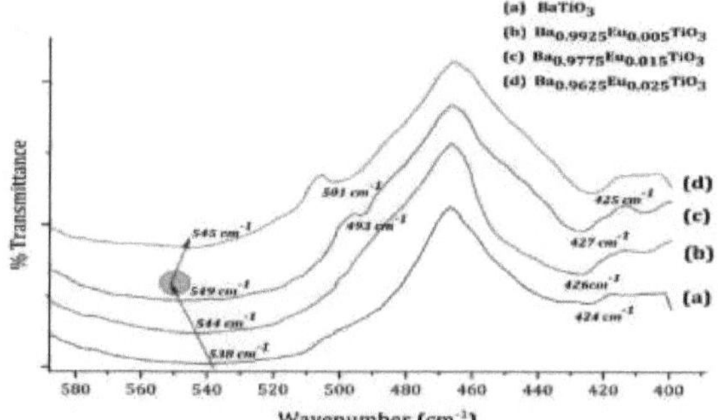

Fig.4.5: Espectros FTIR de ($Ba_{1-3x/2}Eu_x$)TiO3 para todas as amostras na gama 580-400 cm^{-1}.

Os picos de absorção na vizinhança de 425 cm^{-1} indicam um pequeno aumento quando x começa a subir de 0 para 0,005 e 0,015, com exceção da concentração x igual a 0,025, como se mostra na Fig.4.5. O tamanho efetivo do ião oxigénio (r_O) começa a diminuir à medida que a concentração de dopagem x aumenta, com exceção de quando x é igual a 0,025. Isto resulta num comprimento de ligação Ba-O mais curto, o que aumenta a força da ligação. As vacâncias, por outro lado, são repulsivas para os iões de oxigénio que se encontram nas proximidades; como resultado, o comprimento da ligação Ba-O pode aumentar, mas a sua força será significativamente diminuída. Para explicar esta variação do número de onda, é necessário ter em conta o impacto da flutuação combinada da massa e da força. A variação do número de onda é dada pela seguinte equação

$$\bar{\upsilon} = (1/2\pi c)[k/\mu]^{1/2} \qquad (4.24)$$

em que k representa a constante de força e μ é a massa reduzida que pode ser calculada como

$$\mu = \left[\frac{m_M \times m_O}{(m_M + m_O)}\right] \quad (4.25)$$

onde m representa a massa e os subscritos M e O referem-se a iões metálicos (Ba, Eu e Ti) e oxigénio.

Se calcularmos que a massa reduzida para o sítio A no nosso sistema atual Ba1-3x/2Eux TiO3, então a equação acima pode ser reescrita como:

$$\mu_{M-O} = \left[\frac{\{(1-x)m_{Ba} + xm_{Eu}\} \times m_O}{\{(1-x)m_{Ba} + xm_{Eu}\} + m_O}\right] \quad (4.26)$$

Os dados apresentados na tabela 4.6 tornam bastante evidente que, quando a concentração de dopagem é aumentada, a massa dos iões do sítio A que foram diminuídos continua a diminuir. Entretanto, a substituição de iões Eu^{+3} por iões Ba^{+2} aumenta a força coulombiana e encurta o comprimento total da ligação. Quando há uma maior concentração de dopagem, estes dois efeitos contribuem para um maior aumento da constante de força. O impacto cumulativo dos fenómenos acima mencionados resulta num aumento da constante de força e numa diminuição da massa reduzida, o que se reflecte num aumento modesto do número de onda de cerca de 425 cm^{-1} , como se mostra na Fig. 4.5. Se compararmos o deslocamento do pico das amostras dopadas com o deslocamento do pico das amostras de titanato de bário puro, poderemos escrever a seguinte equação:

$$\frac{\bar{\upsilon}^{BT}_{Ba-O}}{\bar{\upsilon}^{BTEu}_{M-O}} = \left[\frac{\mu_{M-O}}{\mu_{Ba-O}} \frac{k^{BT}_{Ba-O}}{k^{BTEu}_{M-O}}\right]^{1/2} = \left[\gamma \times \frac{k^{BT}_{Ba-O}}{k^{BTEu}_{M-O}}\right]^{1/2}$$

(4.27)

$$\gamma = \frac{\mu_{M-O}}{\mu_{Ba-O}} \quad (4.28)$$

em que BT designa BaTiO3 puro, BTEu designa Ba1-3x/2EuxTiO3 e os outros símbolos têm os significados que lhes estão normalmente associados.

Tabela-4.6: Picos de FTIR com as correspondentes massas reduzidas. As massas de bário, európio e oxigénio são 137,32688, 151,96436 e 15,99940 g/mol, respetivamente

Composição	*em* em cm^{-1}	*B a-0)' M-O*	*B-Ba-O*	*BM-o* (eq.4.26)	γ (eq.4.28)
x=0.000	424	-	14.32988	14.3298	1.00000
x=0.005	426	0.99530	14.32988	14.32694	0.99979
x=0.015	427	0.99297	14.32988	14.32101	0.99938
x=0.025	425	0.99764	14.32988	14.31504	0.99896

Com a utilização da equação 4.27, podemos concluir que a constante de força das amostras de titanato de bário dopado aumenta, com exceção do caso em que x é igual a 0,0025. Parece que os picos na vizinhança de 540 cm^{-1} estão a seguir um padrão que é essencialmente idêntico. Este aumento do número de onda é indicativo de um aumento correspondente da energia de ligação. O processo de compensação de carga resultará na criação de um número crescente de vacâncias à medida que a concentração dopante de Eu^{+3} começa a aumentar. Os octaedros do TiO6 serão sujeitos a uma quantidade significativa de tensão como resultado destas vagas. Como consequência direta desta situação, o tamanho dos octaedros de TiO6 começará a diminuir e a distância entre os iões Ti^{+4} e O^{-2} diminuirá. Observa-se uma queda a uma concentração de dopagem de x = 0,025, o que sugere uma redução na força de ligação. Este fenómeno pode ser explicado utilizando os dados de XRD, que mostram que há um aumento na constante de rede experimental se a concentração de dopagem for aumentada de x = 0,015 para 0,025 (Tabela 4.1).

A natureza pendente dos iões no local B é demonstrada pelo facto de o fator de tolerância fraccional t2 (eq. 4.11) diminuir quando x é igual a 0,025. Isto também resulta num comprimento de ligação mais curto no sítio B. Após a dopagem, as bandas de absorção que se localizam perto de 540 cm^{-1} e 440 cm^{-1} tornam-se mais distintas e nítidas, o que evidencia uma melhoria na cristalinidade do material. A existência de carbonato pode ser verificada pelas bandas de absorção que se observam a 850 cm^{-1} , 1010 cm^{-1} , e 1450 cm^{-1} . O estiramento assimétrico de um simples ião CO_3^{-2} corresponde aos picos de instância observados centrados em torno de 1438 cm^{-1} . Foi demonstrado que o estiramento assimétrico do ligando carbonato não identificado é responsável pelo pico de absorção que se situa a cerca de 1481 cm^{-1} para concentrações de x iguais a 0,015 e 0,025. É possível atribuir o estiramento simétrico do ligando carbonato não identificado ao aparecimento de um segundo pico de absorção, muito mais pequeno, a 1383 cm^{-1} , que ocorre quando a concentração x é igual a 0,025. A existência de uma ligação Eu-O pode ser verificada pelos pequenos picos de absorção que podem ser observados perto de 501 cm^{-1} , 1014 cm^{-1} , e 1410 cm^{-1} quando x é igual a 0,015 e 0,025. Estes resultados fornecem mais provas de que o Eu2O3 estava presente nas amostras com valores de x = 0,015 e 0,025, respetivamente. Os resultados da análise XRD revelam, além disso, a presença de Eu_2O_3, embora apenas numa concentração de x = 0,025.

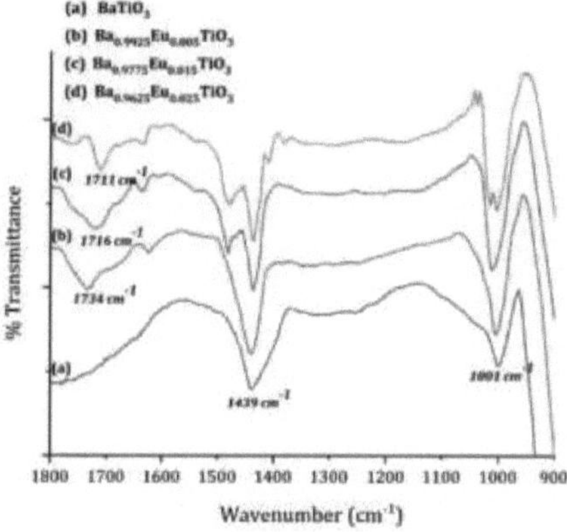

Fig.4.6: Espectros FTIR de ($Ba_{1-3x/2}Eu_x$)TiO3 para todas as amostras na gama 1800-900 cm^{-1} .

Pensa-se que a presença de adsorção de CO_2 nas superfícies de perovskite como sendo a causa do pico de absorção que pode ser visto na vizinhança de 2320 cm^{-1} .

Este fenómeno pode ser explicado tendo em conta o facto de o cristal de perovskite e a molécula polar de CO_2 se envolverem numa interação dipolo-dipolo entre si. A vibração de estiramento *(νOH)* e a vibração de flexão *(βOH)* da água molecularmente adsorvida são responsáveis pelas bandas de absorção largas que podem ser observadas a 3400 cm^{-1} e 1630 cm^{-1} , respetivamente. É importante notar que estas bandas não puderam ser observadas na amostra que consistia inteiramente de titanato de bário puro. A natureza higroscópica do Eu2O3 pode ser responsável pela formação destas bandas após a dopagem.

4.1.5 Microscopia eletrónica de varrimento por efeito de campo (FE-SEM)

As micrografias FE-SEM apresentadas na Figura 4.7 (A-D) são de amostras cerâmicas de BaTiO3 puro e dopado com Eu, que foram sinterizadas a uma temperatura de 900^0 C.

Fig.4.7 (A-D): Morfografias FE-SEM de Ba1-3x/2EuxTiO3 (A) para x=0,000, (B) para x=0,005, (C) para x=0,015 e (D) para x=0,025

As micrografias FE-SEM tornaram bastante evidente que em cada aglomerado se encontrava uma minúscula partícula que correspondia aos nanocristais de BaTiO3 puros e dopados com Eu. Com base nestes resultados, parece que as partículas foram produzidas pela agregação de múltiplos cristalitos. É possível que a força de fixação tenha sido responsável pela agregação destes cristalitos. Os resultados obtidos a partir do FE-SEM revelam que a dopagem com Eu teve um efeito no tamanho das partículas das amostras (Tabela 4.7). O efeito inicial de um aumento da percentagem de dopagem é uma redução do tamanho das partículas. Por outro lado, verificou-se um aumento do tamanho das partículas a uma concentração de dopagem de 2,5%. A dopagem com Eu^{+3} provoca a criação de vacâncias catiónicas, o que por sua vez provoca a deformação da rede, como já foi referido na análise de XRD.

Tabela-4.7: Tamanho de grão da cerâmica Ba1-3x/2EuxTiO3 para x=0,0, 0,005, 0,015 e 0,025.

Composition	d in nm
x=0.000	161
x=0.005	229
x=0.015	185
x=0.025	202

4.1.6 Microscopia eletrónica de transmissão de alta resolução (HR-TEM)

A distribuição do tamanho das partículas, a morfologia da superfície, o padrão SAED, o EDX e a morfografia de alta resolução de diferentes amostras de nanopartículas de titanato de bário foram também estudados por microscopia eletrónica de transmissão de alta resolução (HR-TEM). Os resultados foram apresentados na Fig.4.8. O tamanho médio das partículas foi estimado em 53 nm, 103 nm, 96nm e 180 nm para a composição x= 0, 0,005, 0,015 e 0,025, respetivamente. Os padrões de difração eletrónica de área selecionada (SAED) correspondem aos planos da rede (100), (110), (111), (200), (210), (211) e (220), que são consistentes com a Padrão XRD. Na Fig.4.8, a existência de anéis de difração nos padrões SAED confirma a natureza policristalina das amostras. O espaçamento interplanar de vários planos das amostras de carga assemelha-se à base de dados XRD. Além disso, o parâmetro de célula unitária foi calculado utilizando os dados SAED. O parâmetro de célula médio para o $BaTiO_3$ foi calculado como 4,0032Â. Ao comparar os dados SAED com os dados XRD, foi encontrado um erro de 0,26% no parâmetro de célula para o $BaTiO_3$. Além disso, foi observada uma diferença no tamanho dos cristais e das partículas em todas as amostras, de acordo com os dados HR-TEM. Uma partícula é completamente diferente de um cristalito. Se compararmos o tamanho das partículas (por TEM) e o tamanho dos cristalitos (por fórmula de Scherrer modificada) para o $BaTiO_3$, verificamos que os valores são praticamente os mesmos. Os padrões SAED eram circulares, o que indica que a amostra é policristalina. Assim, para uma melhor previsão do tamanho dos cristalitos, é aconselhável utilizar os padrões SAED e os dados de tamanho de partículas do HR-TEM.

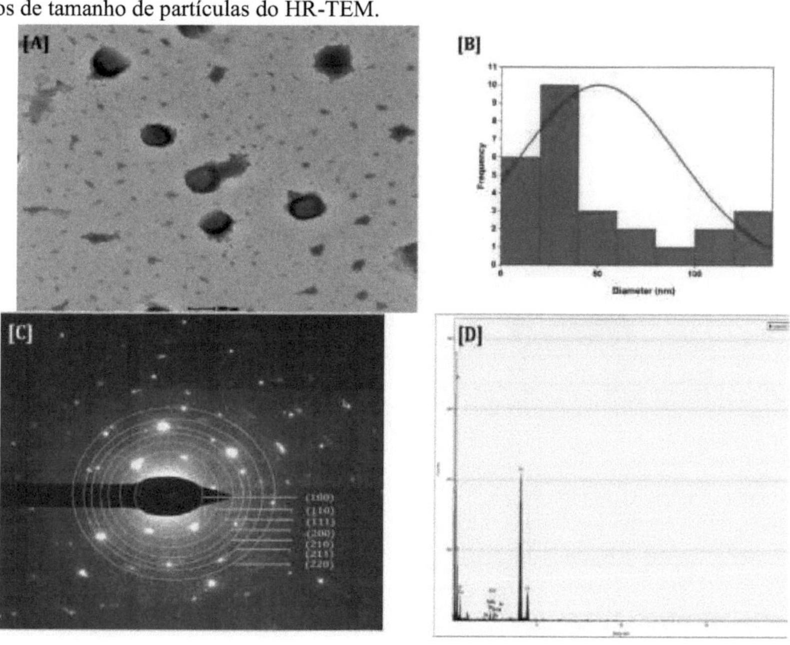

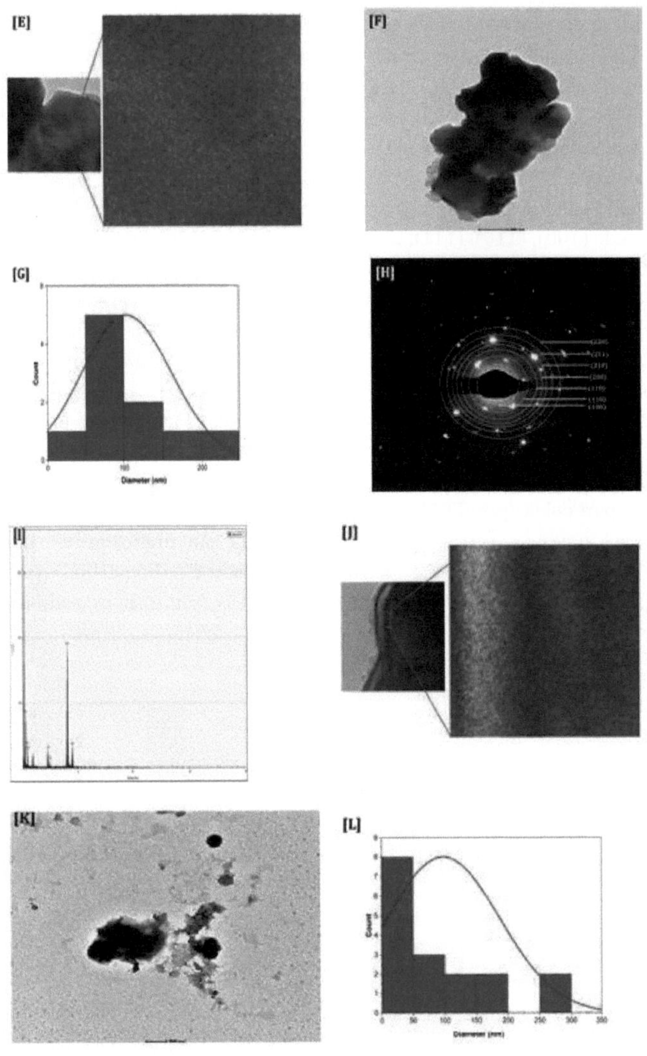
[E]
[F]
[G]
Count
Diameter (nm)
[H]
[I]
[J]
[K]
[L]
Count
Diameter (nm)

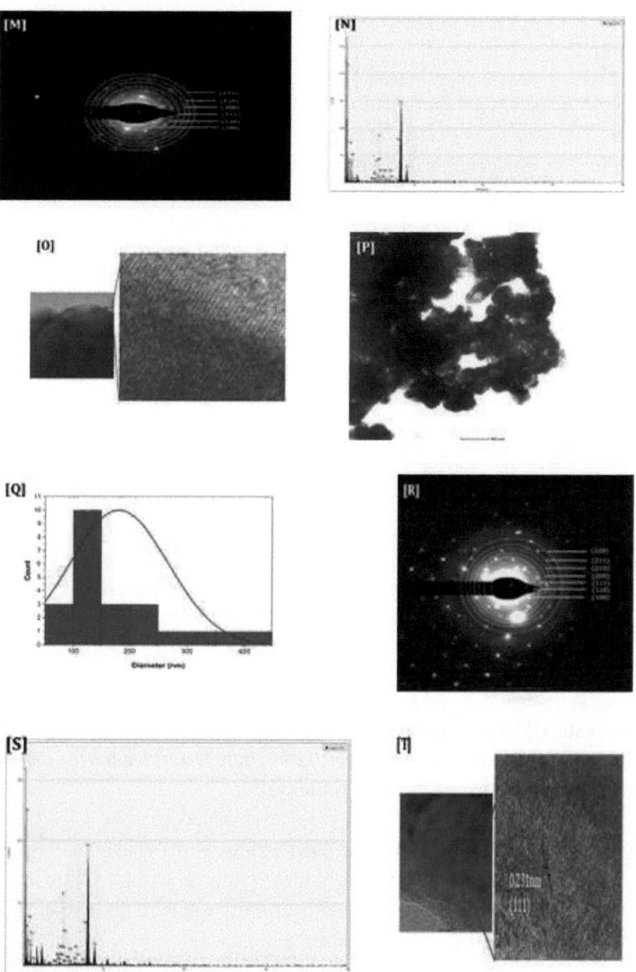

Fig.4.8. Morfografia HR-TEM, distribuição do tamanho das partículas, padrão SAED, EDX e morfografia de alta resolução de Ba1-3x/2EuxTiO3 (A-E) para x=0,000, (F-J) para x=0,005,(K-O) para x=0,015 e (P-T) para x=0,025

4.1.7 Estudo ótico - Espectroscopia de absorção no ultravioleta-visível (UV-Visível)

As propriedades ópticas das amostras de titanato de bário puro e dopado com Eu^{+3} (Ba1-3x/2EuxTiO3, com x = 0,000, 0,005, 0,015 e 0,025) foram analisadas utilizando a espetroscopia UV-Vis-NIR na gama de comprimentos de onda de 200-800 nm à temperatura ambiente. Isto foi feito para determinar as diferenças entre os dois tipos de titanato de bário. **A Figura 4.9** demonstra que tanto o material puro como o dopado apresentam picos de absorção fracos na região de comprimentos de onda inferiores a 300 nm. Estes picos são o resultado da transferência de carga dos estados O-2p, que se encontram na banda de valência, para os estados Ti-3d, que se encontram na banda de condução. Esta transferência de carga ocorre como consequência de colisões de dois corpos entre um eletrão e um fotão, nas quais são criados pares eletrão-buraco como resultado da absorção de fotões. Com concentrações de dopagem de Eu^{+3} de x = 0,005 e 0,015, respetivamente, os picos de absorção únicos são detectados num comprimento de onda de 261 nm e 304 nm. Este desvio para o vermelho pode estar relacionado com o tamanho mais pequeno dos cristalitos. Para as concentrações x = 0,000 e 0,025, não encontrámos quaisquer picos tão distintos como os observados nesta gama. Além disso, um segundo pico é observado a 224 nm, e pensa-se que este é causado pelo TiO_2. **Nayak et al.** também registaram picos comparáveis na sua investigação.

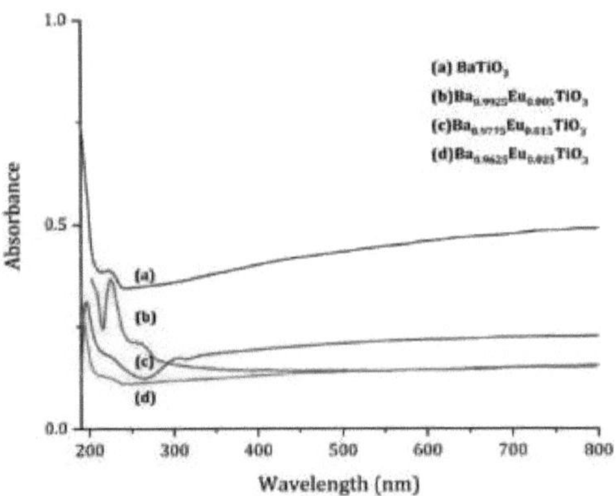

Fig.4.9: Resposta UV-Vis para os espectros de absorvância ótica das cerâmicas Ba1-3x/2EuxTiO3 de todas as amostras (x = 0,000, 0,005, 0,015 e 0,025) à temperatura ambiente.

A utilização dos dados dos espectros de absorção permite chegar a conclusões sobre o intervalo de banda ótica, também conhecido como E_g, e a energia de Urbach, também conhecida como E_U, das amostras. A dependência da frequência do coeficiente de absorção, denotada por $\alpha(\upsilon)$, é representada pela equação.

$$\alpha(\nu) = 2.303(A/t) \qquad (4.29)$$

Em que a absorvância da amostra é designada por A e a espessura da amostra é designada por t, respetivamente.

De acordo com a ligação apresentada por Tauc, Davis e Mott, o coeficiente de absorção tem uma ligação direta com a energia do intervalo de banda ótica (E_g) e é dado pela seguinte equação:

$$[E_{ph}\alpha(\nu)] = [E_{ph} - E_g]^n \qquad (4.30)$$

em que E_{ph} (E_{ph}= hv) é a energia do fotão, C e n são constantes.

O valor do expoente n depende do facto de a transição eletrónica ser direta ou indireta. Para transições diretas permitidas, o expoente "n" é 1/2, e para transições diretas proibidas, é 3/2. Se o expoente "n" for 2, as transições serão indiretamente permitidas, e se for 3, serão indiretamente proibidas. O titanato de bário é como a maioria das outras estruturas de perovskite, na medida em que tem um "bandgap" direto. Por conseguinte, apenas as transições diretas com um valor n de 1/2 serão tidas em consideração para o cálculo do intervalo de banda no nosso sistema atual. A equação (4.30) pode assim ser representada como

$$[h(v)]^2 = C[hv - E_g] \tag{4.31}$$

As figuras 4.10.B-E mostram gráficos de $[E_{ph}\alpha(v)]^2$ vs. *energia* do fotão *(hυ) para* e amostras dopadas com Eu^{+3} . A extrapolação da parte linear das curvas para o eixo da energia dos fotões no ponto em que $[E_{ph}\alpha(v)]^2 = 0$ permite calcular o intervalo de banda ótica, denotado por "Eg" (Fig. 4.10.B-E).

A Tabela 4.8 apresenta um resumo dos valores do intervalo de banda ótica (Eg) que foram calculados utilizando um gráfico tauc para amostras puras ou dopadas com Eu^{+3} . Os dados demonstram claramente que a dopagem com Eu^{+3} diminui a quantidade de energia no intervalo de banda ótica. Na investigação atual, o intervalo de banda ótica para a amostra de titanato de bário puro (x = 0,000) é inferior ao valor de 3,20 eV que foi registado para o material a granel.

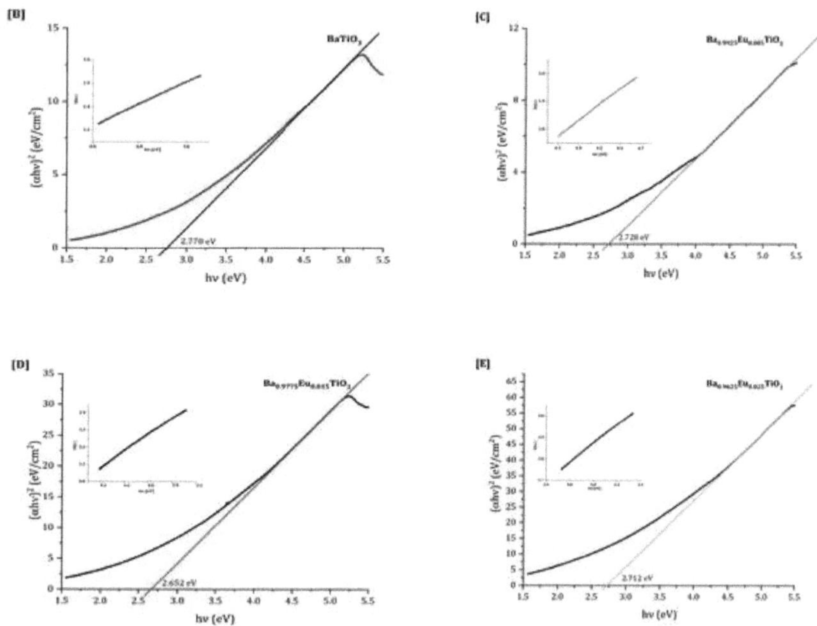

Fig.4.10 (B-E): Resposta UV-Vis para Ba1-3x/2EuxTiO3ceramics Gráfico de Tauc ($(\alpha h\upsilon)^2$ versus Energia (eV)) e gráficos de energia de Urbach (lnα versus Energia (eV), inset) para todas as amostras (x=0,000 - 0,025)

A diminuição do intervalo de banda ótica, denotada por ΔEg, pode ser associada à deformação da seguinte forma:

$$\Delta E_g = E_g^0 - \quad _g = (\Delta E_g)_I + (\Delta E_g)_{II} \tag{4.32}$$

em que $(\Delta E_g)_I$ é a redução do intervalo de banda ótica devido à deformação e $(\Delta E_g)_{II}$ compreende a redução do intervalo de banda devido à correlação de troca e às interações entre as impurezas ionizadas por electrões. Este encolhimento da banda ótica de uma amostra de titanato de bário puro (x = 0,000) pode talvez estar associado a tensões residuais impostas pela diminuição do tamanho dos cristalitos, para além das interações eletrão-fão. **Ramakanth et al**. também relataram que a energia de bandgap das nanopartículas de titanato de bário foi reduzida para 2,53 eV. Além disso, a amostra de titanato de bário puro (x = 0,000) apresenta a maior quantidade de deformação em comparação com as outras amostras. Esta deformação pode provocar um estreitamento do intervalo de banda ótica (eq. 4.32). A diminuição do tamanho dos cristalitos e os valores elevados de deformação podem ter contribuído para a redução do intervalo de banda na amostra de titanato de bário puro, o que sugere que esta pode ser a explicação mais provável para o fenómeno.

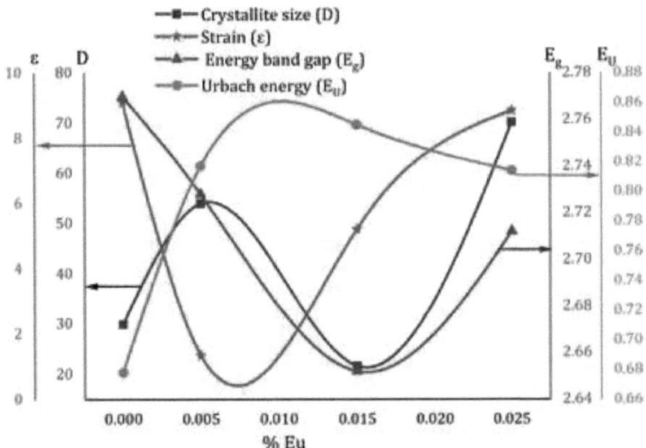

Fig.4.11: Variação do tamanho dos cristais, da deformação, da energia do intervalo de banda e da energia de Urbach com as concentrações de dopagem de Eu.

A Figura 4.11 ilustra como os valores de deformação, tamanho do cristalito, energia de banda ótica e energia de Urbach mudam em função da quantidade de dopagem.

Em comparação com a amostra de titanato de bário puro (x = 0,000), o intervalo de banda ótica das amostras dopadas com Eu^{+3} diminuiu (Tabela 4.8). A energia do intervalo de banda ótica nas amostras que foram dopadas com Eu^{+3} diminui inicialmente para concentrações de x iguais a 0,005 e 0,015 e depois aumenta para concentrações de x iguais a 0,025. A criação de vacâncias de Ba no sítio A pode ser responsável pela queda na energia do gap ótico que ocorre com um aumento na concentração do elemento dopante Eu^{+3} . Devido à presença destas vacâncias, a constante de rede é reduzida, o que, por sua vez, provoca distorções nos octaedros do TiO6. Os níveis de defeitos sub-electrónicos que são introduzidos no intervalo de banda ótica em resultado da distorção dos octaedros do TiO6 conduzem a uma diminuição da energia do intervalo de banda. Será detectado um intervalo de banda menor, para além de um aumento do número de defeitos de subníveis que serão criados à medida que a concentração de dopagem aumenta. Para uma concentração de dopagem de x=0,005, a amostra apresenta a menor quantidade de deformação de todas as amostras, e o seu tamanho de cristalito é significativamente maior em comparação com o do titanato de bário puro.

Tabela-4.8: Energia do hiato de banda ótica (Eg), energia de Urbach (EU) e contração do hiato de banda ótica*(ΔEg) para as cerâmicas de TiO3 Ba1-3x/2Eux.

Composition	E_g in eV (eq.29)	ΔE_g in eV	E_U in eV (eq.28)
x=0.000	2.770	0.430	0.678
x=0.005	2.728	0.472	0.817
x=0.015	2.652	0.548	0.845
x=0.025	2.712	0.488	0.814

**A redução do intervalo de banda ótica foi calculada em relação ao titanato de bário a granel (Eg=3,2 eV).*

A diminuição da tensão provoca uma redução da contração da banda, enquanto as distorções da rede tentam aumentar a contração do intervalo de banda. O intervalo de banda é deslocado como resultado da interação dinâmica entre estes processos. O facto de o intervalo de banda diminuir quando x é fixado em 0,005 sugere que a influência das distorções da rede predomina sobre o efeito da tensão. Com uma concentração de dopagem de x = 0,015, o intervalo de banda ótica sofre a maior contração. Para uma concentração de dopagem de x igual a 0,015, a amostra apresenta o menor tamanho de partícula de todas as amostras e um valor de deformação mais elevado (Fig. 4.11). É possível que a distorção da rede, o efeito da deformação e o efeito da dimensão das partículas tenham actuado em conjunto para provocar a redução do intervalo de banda ótica quando foi utilizado x = 0,015.

Um aumento no bandgap ótico é mostrado para a concentração x=0,025, embora a amostra demonstre um alto valor de tensão, a maior concentração e o maior tamanho de partícula de todas elas. O efeito Burstein-Moss (BM) é o mecanismo que pode ser utilizado para explicar este aumento do intervalo de energia.

$$\Delta E_g \quad = h^2/2m \quad [3\pi^2 n\,]^{2/3} \qquad (4.33)$$

onde h é a constante de Planck, m≤꜀ é a massa efectiva do eletrão e n_e é a concentração de electrões. Quando a concentração é aumentada para um nível superior ao da densidade crítica de Mott, o intervalo de elasticidade começa a renormalizar-se. Devido ao aumento do número de electrões livres, a banda de condução é significativamente preenchida, o que impede a formação dos estados de mais baixa energia. Como consequência direta deste facto, pode observar-se um alargamento do intervalo de energia.

Existe uma ligação entre as bandas de defeito que são criadas no intervalo de banda e a energia de Urbach, também conhecida como EU. Pode ser observada uma cauda nos espectros de absorção dos sistemas policristalinos e desordenados. A secção de cauda apresenta flutuações no coeficiente de absorção em relação à energia do fotão dada por

$$= \alpha_0(h\nu/E_U) \qquad (4.34)$$

$$ln\alpha = (1/\ )h\nu + \gamma \qquad (4.35)$$

A equação acima, Eq. 4.35, descreve uma linha reta.

Pode calcular a energia de Urbach (EU) traçando uma curva entre ln( ) e a energia do fotão (hv). O declive desta linha é igual ao inverso da energia de Urbach (EU). A Fig. 4.10(B-E) (inset) mostra os gráficos de Urbach e a tabela 4.8 apresenta uma lista das energias de Urbach. Após a dopagem com Eu^{+3} , os dados demonstram claramente que a energia de Urbach e o intervalo de banda ótica estão a mudar de forma inversamente proporcional (Tabela 4.8 e Fig. 4.11). Também se deve observar que existe uma diferença significativa na energia de Urbach entre as amostras que não foram dopadas e as amostras que foram dopadas, mas que esta diferença na energia de Urbach é mínima no caso das amostras que foram dopadas (Tabela 4.8). A dopagem com Eu^{+3} pode causar a geração de estados intermédios no intervalo de banda ótica e, em concentrações maiores, pode mesmo causar a criação de estados subsequentes. Esta é a única explicação plausível para este comportamento peculiar.

4.1.8 Investigação dieléctrica de materiais de enchimento dielétrico

A resposta dieléctrica das amostras de titanato de bário puro e dopado com Eu^{+3} é apresentada na Fig. 4.12 (A-B) na gama de frequências de 1 kHz-2 MHz. À temperatura ambiente, cada uma das amostras apresenta um valor quase constante para a constante dieléctrica na gama de frequências de 1 kHz a 2 MHz (Fig. 4.12 A). A amostra constituída apenas por titanato de bário puro apresenta a constante dieléctrica mais baixa de todas as amostras. Apesar de a constante dieléctrica de todas as amostras dopadas continuar a ser superior à do titanato de bário puro, a constante dieléctrica das amostras dopadas com concentrações de dopagem entre x = 0,005 e 0,025 mostra que há uma diminuição da constante dieléctrica.

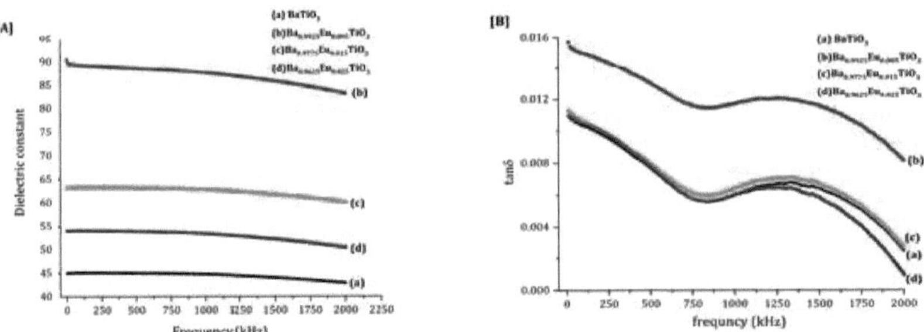

Fig.4.12 (A-B): Comportamento dielétrico dependente da frequência das cerâmicas de TiO3 Ba1-3x/2Eux à temperatura ambiente. (A) Variação da constante dieléctrica de todas as amostras dopadas com Eu em função da frequência. (B) Variação da perda dieléctrica em função da frequência.

É também importante notar que as amostras têm uma constante dieléctrica baixa, como mostram os resultados. O baixo valor da constante dieléctrica pode ser explicado pela presença de uma camada limite de grão ou de uma camada morta composta por grãos nãoferroeléctricos. Estas camadas mortas têm um impacto diluidor na constante dieléctrica, que pode reduzi-la até uma ordem de 100 em relação à da zona ferroeléctrica. É possível que a mesma explicação se aplique ao valor relativamente baixo da constante dieléctrica que foi encontrado nesta investigação. O modelo interfacial de Maxwell-Wagner pode ajudar a explicar porque é que as amostras dopadas têm uma constante dieléctrica mais elevada do que as amostras não dopadas. A polarização da carga espacial é uma das causas potenciais desta constante dieléctrica melhorada.

De acordo com os resultados da análise XRD, a introdução de iões Eu^{+3} na rede de titanato de bário leva à formação de espaços vazios ocupados por iões metálicos. Os iões Eu^{+3} têm a capacidade de se deslocar em direção à superfície exterior do grão, competindo com as vagas de catiões pelo espaço disponível. Esta migração de Eu^{+3} continuará até que a concentração de Eu^{+3} nas superfícies atinja um nível inaceitável. Após a calcinação, existe a possibilidade de as vacâncias de Ti^{+3} e de oxigénio serem removidas pelo processo de re-oxidação. Isto só acontecerá se a taxa de arrefecimento após a calcinação for lenta. Uma camada protetora de isolamento é produzida nas superfícies dos grãos durante o processo de re-oxidação. Os grãos, por outro lado, têm uma condutividade relativamente elevada. A carga acumula-se na superfície como resultado desta diferença na forma como os grãos e os limites dos grãos conduzem a eletricidade, o que também torna a polarização da carga espacial mais forte. Esta é talvez uma das razões pelas quais as amostras dopadas têm uma constante dieléctrica mais elevada do que as não dopadas.

Como se pode ver na Fig. 4.12.A, o valor da constante dieléctrica diminui à medida que a quantidade de dopagem aumenta (x = 0,005 a 0,025). Existem potencialmente três razões que podem influenciar a queda da constante dieléctrica: a presença de iões Eu^{+2} , a presença de outras fases e a porosidade. Cada um destes aspectos tem o potencial de ter um efeito.

Em estudos anteriores, foi demonstrado que, a níveis de dopagem mais elevados, o Eu^{+3} pode coexistir com iões Eu^{+2} no local A, enquanto o Ti^{+4} pode coexistir de forma semelhante com iões Ti^{+3} no local B. A notação de Kroger-Vink para defeitos pontuais pode ser expressa como, e pode ser utilizada tanto para o local A como para o local B da seguinte forma:

$$Eu_2O_3 \rightarrow 2(+3)^* \; +3O_0 + 2e^{/} \qquad (4.36)$$

$$(+2)_{Ba} \leftrightarrow (+3)^*_{Ba} \; + e^{/} \qquad (4.37)$$

$$(+4)_{Ti} + e^{/} \rightarrow (+3)^{/}_{Ti} \qquad (4.38)$$

$$(+2)_{Ba} + (+4)_{Ti} \leftrightarrow Eu(+3)^*_{Ba} \; + Ti(+3)^{/}_{Ti} \qquad (4.39)$$

+3

A solução da equação 4.39 mostra que é possível que os iões Eu^{+3} sejam convertidos em iões Eu^{+2} metaestáveis através da captura de electrões 3d dos iões Ti^{+3} . O defeito deixará de ser do tipo eletrónico e passará a ser do tipo vacância como resultado desta conversão parcial de iões Eu^{+3} do tipo dador em iões Eu^{+2} metaestáveis do tipo aceitador. Esta modificação pode ser uma das explicações prováveis para a diminuição da constante dieléctrica (para x=0,015 e 0,025). De acordo com os resultados da análise XRD, pequenos vestígios de produtos químicos que não reagiram (TiO_2, $BaCO_3$ e Eu_2O_3), bem como ortotitanato de bário (Ba_2TiO_4) estão em concentrações mais elevadas (Fig. 4.2). Estes compostos com uma baixa constante dieléctrica são uma possibilidade provável para o papel da segunda causa possível da diminuição da constante dieléctrica em concentrações crescentes. As alterações microestruturais que ocorrem como resultado da dopagem também podem ser responsáveis pela queda na constante dieléctrica que ocorre em amostras dopadas à medida que a concentração de dopagem aumenta de 0,015 para 0,025. À medida que a concentração de dopantes +3 aumenta de x = 0 para 0,025, a densidade do titanato de bário contendo Eu^{+3} começa a diminuir (Tabela 4.4). Por este facto, verifica-se um aumento da porosidade do material. Este pode ser o terceiro fator provável que regula a diminuição da constante dieléctrica que ocorre com o aumento da concentração de dopagem.

Na Fig.4.12.B, é apresentada a relação entre a frequência e o valor do fator de dissipação, denotado por *tanδ*, para cerâmicas compostas por Ba1-3x/2Eux TiO3. A perda dieléctrica apresenta valores mais elevados a frequências mais baixas e, em seguida, inicia um declínio progressivo que continua até 800 kHz. Para além disso, pode observar-se um aumento na gama de frequências de 800 a 1300 kHz, e depois, para além de 1300 kHz, a perda dieléctrica começa a diminuir com o aumento da frequência. No trabalho que foi feito até agora, descobriu-se que a variação do fator de dissipação com a frequência é menor do que a flutuação que foi relatada pelos investigadores. O processo de relaxação é capaz de fornecer uma explicação para o comportamento da perda dieléctrica de materiais dopados e não dopados. A polarização orientacional, bem como a polarização da carga espacial, estão ambas incluídas na polarização de relaxamento. O tempo necessário para que estas polarizações atinjam o seu estado completo é da ordem dos 10^{-5} segundos. Em frequências mais baixas, a constante dieléctrica é afetada por todos os tipos de polarização, incluindo a polarização eletrónica, iónica, de orientação e de carga espacial. Quando a frequência atinge um valor de cerca de 10 -10^{26} Hz, apenas a orientação e a polarização da carga espacial contribuem para o comportamento dielétrico. Sob a influência do campo alternado, os portadores de carga que se acumularam nos limites de grão dos materiais policristalinos funcionam de forma semelhante à de um dipolo. Quando as frequências utilizadas são mais elevadas, existe um desfasamento entre a orientação destes dipolos e o campo alternado que está a ser aplicado. Esta disparidade resulta numa perda. Além disso, as relaxações da parede do domínio são os principais contribuintes para as perdas dentro desta gama de frequências. A flutuação da constante dieléctrica com a temperatura a várias frequências para amostras de titanato de bário puro e dopado com Eu^{+3} é apresentada na Fig. 4.13 (A-B). Não há qualquer diferença entre as amostras no que respeita ao seu comportamento dielétrico em função da temperatura. A constante dieléctrica de todas as amostras diminui quando a frequência da medição é aumentada (Fig. 4.13.A). A queda da constante dieléctrica que vemos aqui é o resultado direto de a polarização da carga espacial se tornar menos proeminente. Independentemente de as amostras serem puras ou dopadas com Eu^{+3} , verifica-se que a constante dieléctrica dependente da temperatura se mantém constante (Fig. 4.13.B). A relação entre a temperatura e o fator de dissipação, representado por tanδ, é apresentada na Fig. 4.13.C, para amostras de titanato de bário puro e dopado com Eu^{+3} a uma frequência de 1 kHz.

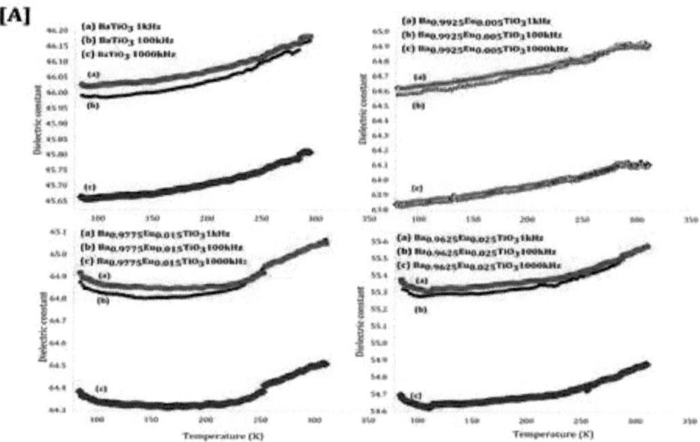
[A]
Dielectric constant
Temperature (K)

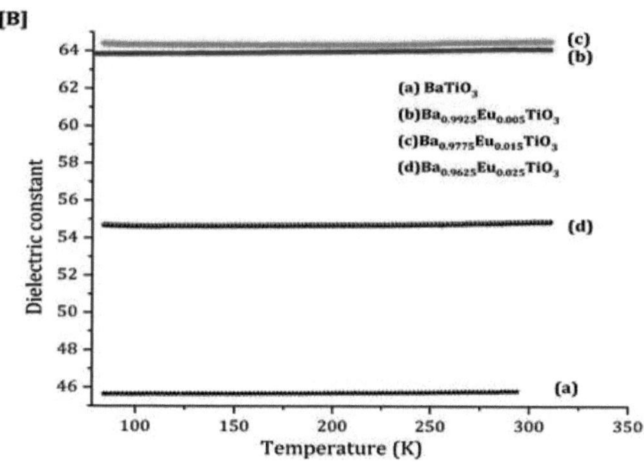
[B]
(a) BaTiO$_3$
(b)Ba$_{0.9925}$Eu$_{0.005}$TiO$_3$
(c)Ba$_{0.9775}$Eu$_{0.015}$TiO$_3$
(d)Ba$_{0.9625}$Eu$_{0.025}$TiO$_3$
Dielectric constant
Temperature (K)

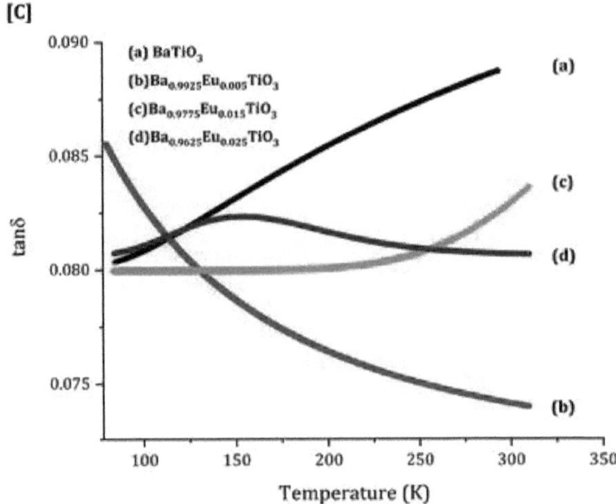

Fig.4.13 (A-C): O comportamento dielétrico dependente da temperatura das cerâmicas Ba1-3x/2Eux TiO3. (A) Variação da constante dieléctrica de diferentes amostras com a temperatura a frequências de 1 kHz, 100 kHz e 1000 kHz. (B) Variação da constante dieléctrica de todas as amostras dopadas com Eu com a temperatura à frequência de 1 kHz. (C) Comportamento da perda dieléctrica à frequência de 1 kHz.

Os dados tornam bastante evidente que um aumento da concentração de dopagem resulta num aumento do fator de dissipação na gama de temperaturas de 125-250 K. O fator de dissipação para x = 0,015 aumenta após uma temperatura de 250 K, enquanto a concentração das amostras com x = 0,005 e 0,025 continua a diminuir com o aumento da temperatura. É possível que o fenómeno de aumento da condutividade eléctrica seja a causa do aumento do fator de dissipação que ocorre com o aumento da concentração de dopagem. O nível de dopagem tem um efeito sobre o número de portadores de carga presentes, o que, por sua vez, pode ter um efeito sobre a condutividade das amostras.

A porosidade das amostras é outro aspeto potencial que pode ter um efeito sobre as perdas. Neste caso, um aumento da concentração de dopagem resulta numa diminuição da densidade, que por sua vez aumenta a porosidade (Tabela 4.4). É possível que o aumento da porosidade que ocorre com o aumento da concentração de dopagem seja outro fator que contribui para um aumento do fator de dissipação com o aumento da concentração de dopagem. Os resultados são muito consistentes com as publicações que os precederam. Para níveis de concentração x iguais a 0 e 0,015, observa-se um aumento do fator de dissipação com o aumento da temperatura (Fig.4.13.C). É possível que o efeito de tamanho seja responsável por este fenómeno. Ambos os níveis de concentração têm tamanhos de cristalitos bastante pequenos (Tabela 4.4). É possível que as amostras de pequenas dimensões contenham defeitos superficiais e que estas imperfeições possam contribuir para a condução e aumentar as perdas. Em contraste, é mostrada uma tendência decrescente com a temperatura para concentrações em x = 0,005 e 0,025. Uma explicação potencial para este comportamento é que a introdução de energia térmica pode produzir uma transição rápida no domínio ferroelétrico quando este é sujeito a um campo alternado.

4.2.Análise de compósitos

Nesta secção, estudamos os nanocompósitos poliméricos preparados utilizando as diferentes técnicas mencionadas abaixo.

4.2.1 Análise XRD de materiais compósitos dieléctricos

Os dados da experiência de difração de raios X foram obtidos num difratómetro de raios X RigakuUltima IV, utilizando radiação Cu Kα. Os padrões de difração de raios X (XRD) foram obtidos numa gama de 2θ que vai de 10^0 a 70^0 a uma velocidade de 2^0 /min. A Figura 4.14 mostra os padrões de XRD produzidos por várias cargas dieléctricas quando estas são incorporadas numa matriz de poliestireno. A percentagem de cargas dieléctricas que são utilizadas em todos os materiais compósitos dieléctricos é de 10% p/p. A formação de halos que cobrem todo o ângulo de difração, que varia de 14^0 a 24^0 , é uma das caraterísticas mais distintivas do padrão. A existência de halos é uma evidência de que a fase amorfa predomina nas amostras compostas. A identificação das fases das amostras foi efectuada com o apoio do QualX 2014, tendo sido utilizada a base de dados ICDD (PDF2) como principal fonte de referência. Os resultados da análise QualX mostram que os picos do compósito preenchido com titanato de bário puro e do compósito preenchido com titanato de bário dopado com európio estão em perfeita conformidade com os dados publicados no passado. Os traços de BaCO3 (cartão ICDD n.º 00-001-506) são mostrados na Figura 4.13 para x igual a 0,015 e 0,025, respetivamente. A evidência do XRD também indica a existência de poliestireno (cartão ICDD n.º 00-013-0836). A análise XRD das partículas de enchimento revelou a presença de percentagens menores de BaCO3, que também demonstrou estar presente nas partículas de enchimento, como mostra a figura 4.2. A reação que ocorreu entre o ortotitanato de bário e o dióxido de carbono resultou na formação destes vestígios.

$$Ba_2TiO_4 + CO_2 \rightarrow BaTiO_3 + BaCO_3 \qquad (4.40)$$

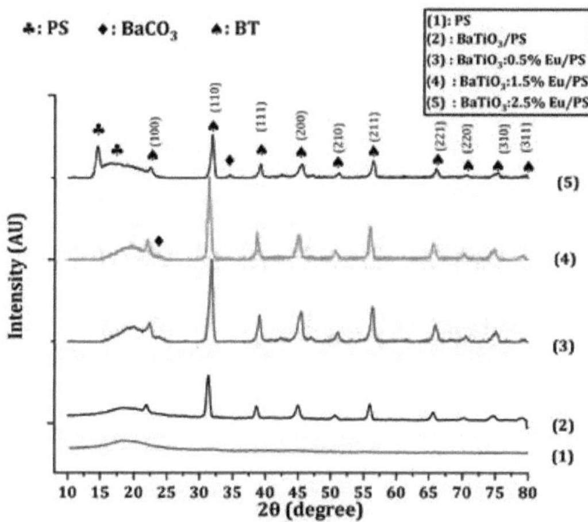

Fig.4.14: Padrão de difração de raios X em pó (XRD)

Com a utilização da fórmula de Scherrer, foi possível determinar o tamanho médio dos cristalitos, denotado pela letra D, das partículas de carga que foram incorporadas na matriz polimérica. De acordo com os cálculos, o tamanho médio dos cristais de todos os picos significativos foi dado pela seguinte equação:

— (4.41)

Onde K é uma constante que é conhecida como o fator de geometria, e o seu valor para cristalitos cúbicos é igual a 0,9 e β é chamado a largura total e meio máximo (FWHM).

É possível que a utilização de um "gráfico tamanho-deformação" (SSP) médio seja uma técnica mais exacta para determinar os parâmetros tamanho-deformação do alargamento de linha isotrópico do que a utilização dos outros métodos. Este método tem a vantagem de dar menos peso aos dados de reflexões em ângulos elevados, o que é bom porque a exatidão é frequentemente menor nestes casos. A equação SSP é a seguinte:

$$(d\ .\beta\ \ \theta)\ -(d\ .\beta\ \ \theta)\ - \quad (4.42)$$

Em contraste, a Equação (4.42) representa a equação de uma linha reta, com o eixo y denotado como (d $^{\wedge}\beta_{kkkk}$ $\imath$ cos 0)^2 e o eixo x denotado como(^{2} Kki-Phki co s 0), como ilustrado na Figura 4.15 (a-d). A deformação foi indicada pela interceção, enquanto o tamanho médio dos cristais pode ser determinado a partir do declive desta curva linear. A Tabela 4.9 apresenta um resumo de todos os valores dos tamanhos dos cristalitos que foram determinados através da utilização de duas metodologias distintas: a fórmula de Scherrer e o gráfico tamanho-deformação.

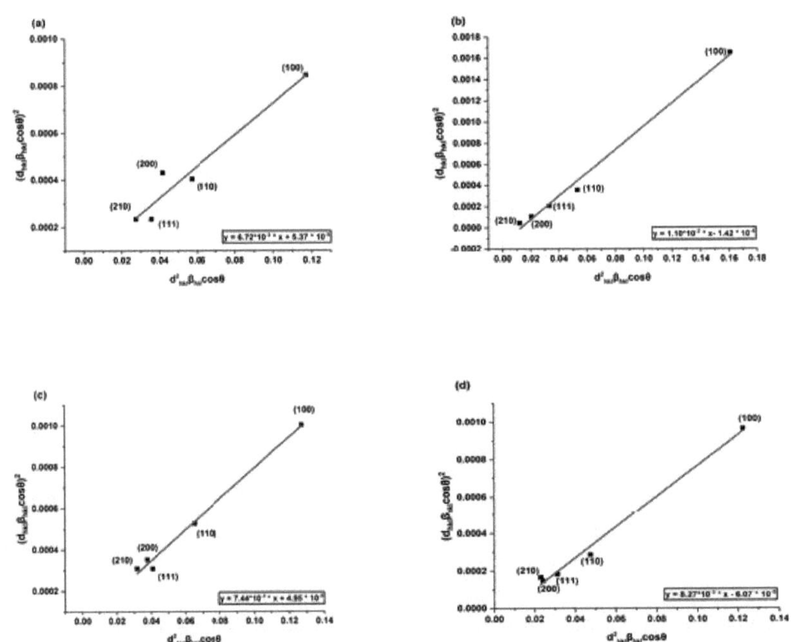

Fig.4.15 (a-d): Gráfico tamanho-deformação de (a) $BaTiO_3$:0.0%Eu/PS. (b) $BaTiO_3$:0,5%Eu/PS. (c) $BaTiO_3$:1,5%Eu/PS. (d) $BaTiO_3$:2,5%Eu/PS.

A Tabela 4.9 mostra um resumo da forma como as partículas de carga no interior da matriz de poliestireno se alteram em termos de deformação, parâmetro de rede e densidade de deslocação. A origem das micro-deformações pode ser o resultado de uma alteração na rede, do efeito de confinamento do tamanho ou de defeitos no cristal. A partícula mais pequena é sujeita a uma força líquida em resultado da maior área de superfície que está mais próxima do centro, que actua diretamente na célula unitária. As micro-deformações podem também ser causadas pelo facto de as nanopartículas terem uma enorme área de superfície, o que significa que as falhas da rede estão constantemente presentes no material.

Tabela-4.9: Tamanho dos cristais calculado pela fórmula de Scherrer e pela abordagem tamanho-deformação (SSP) de $Ba_{1-3x/2}Eu_xTiO_3/PS$ (10%w/w).

Composição	D (Scherrer) nm	D (SSP) nm	N	$\delta x10^{-3}$ (SSP) nm^{-2}	$\varepsilon x10^{-2}$
x=0.000	20.16	20.63	71.49515	2.35	1.47
x=0.005	27.61	12.61	16.45934	6.28	2.38
x=0.015	17.89	18.63	53.21427	2.88	1.41
x=0.025	19.58	16.76	38.40016	3.56	1.56

De acordo com a Tabela 4.9, não existe um padrão consistente entre os níveis de dopagem e a deformação. Por outro lado, quando se analisa a deformação e o tamanho dos cristais das partículas de carga numa matriz de poliestireno, é encontrado um padrão. Com o aumento do tamanho dos cristalitos, a deformação começa a aumentar. Como resultado, a deformação observada em vários nanocompósitos de polímeros pode estar ligada ao efeito do tamanho das partículas.

Tabela-4.10: Comparação dos parâmetros de rede calculados a partir de vários aproxima-se teoricamente do experimental (a)^{expt}

Composição	(eq.4.4)	(eq·4·5)	(eq.4.6)	em nm
x=0.000	3.99737	3.99922	4.00704	4.00559
x=0.005	3.99569	3.99689	4.00440	3.99488
x=0.015	3.99233	3.99222	3.99911	3.99144
x=0.025	3.98896	3.98756	3.99382	4.00334

As informações da Tabela 4.10 demonstram que, com a dopagem de Eu^{+3} no titanato de bário, os parâmetros da célula começam a diminuir. O tamanho mais pequeno, a maior valência e a maior eletronegatividade do dopante são factores que podem ter contribuído para a diminuição dos parâmetros da célula aqui observada. 1,618 Â, 0,605 Â, e 1,28 Â são os raios respectivos dos iões Ba^{+2} , Ti^{+4} , e Eu^{+3} , respetivamente. No entanto, o raio do dopante não é o único fator que determina a migração do dopante para qualquer sítio. É também regulado por uma série de outros parâmetros, tais como a eletronegatividade, a carga, a estrutura cristalina, etc. Assim, o comprimento da ligação pode ser calculado utilizando a equação (4.19) acima mencionada na parte de enchimento. Como resultado, a diminuição dos parâmetros de rede nos nanocompósitos de polímero BT/PS dopados com Eu^{+3} (x = 0,005 e x = 0,015) está associada a uma diminuição do comprimento da ligação A-O e à substituição de iões Eu^{+3} de pequeno raio iónico por iões Ba^{+2} . Isto sugere que os modelos teóricos de previsão dos parâmetros celulares, tais como as Equações (4.4) e (4.6), podem ser aplicados a partículas de carga, para além do material compósito polimérico. A densidade de deslocação de um material é um indicador das falhas que existem no material e é fornecida pela equação (4.22) e, para o cálculo da densidade de deslocação, é utilizado o tamanho do cristalito (D) do método SSP. Os valores da densidade de deslocação para vários compósitos poliméricos estão listados na Tabela 4.9, que fornece um resumo dos dados. Existe uma correlação entre o aumento do nível de desordem e o aumento da densidade de deslocações, e vice-versa.

A fórmula para encontrar o número de células unitárias numa partícula, denotado por n, é a seguinte

$$n = \frac{\pi D^3}{6V} \tag{4.43}$$

Onde V representa o volume da célula unitária e D representa o tamanho do cristalito (SSP). Os valores do número de células unitárias são apresentados na Tabela 4.9. Este tipo de dados sugere que a dopagem com Eu retarda o processo de nucleação e reduz o número de células unitárias.

4.2.2 Análise por infravermelhos com transformada de Fourier (FT-IR) de materiais compósitos dieléctricos

Foi utilizado um espetrómetro de infravermelhos com transformada de Fourier (FTIR) para investigar a estrutura química (Perkin-Elmer, Spectrum Two, Waltham, MA, EUA). O

Os espectros de infravermelhos com transformada de Fourier (FTIR) dos nanocompósitos poliméricos de poliestireno com titanato de bário dopado com Eu são apresentados nas Figuras 4.16 (a-c). As gamas de frequências que incluem as bandas mais intensas são as seguintes: 400 a 800 cm^{-1} , 1200 a 1800 cm^{-1} , e 2900 a 3600 cm^{-1} . As vibrações dos octaedros de TiO6 correspondem à zona da banda de absorção que se estende de 650 a 400 cm^{-1} . Um pico de absorção significativo pode ser observado para o BaTiO3/PS a uma frequência de 618 cm^{-1} ; este pico corresponde ao estiramento do Ti-OI das vibrações normais dos octaedros de TiO_6 ligados. As vibrações normais de flexão da ligação Ti-OII são representadas pelo pico a 479 cm^{-1} , que pode ser visto no espetro. Como se pode ver na Figura 4.16 (b), o processo de dopagem com Eu resulta num alargamento da banda de absorção na região de 550-675 cm^{-1} . Pensa-se que este alargamento é o resultado da dopagem, que leva à criação de ligações adicionais na molécula. Para além disso, é importante notar que, quando a quantidade de dopagem é aumentada, os picos de absorção dos materiais dopados com Eu perto de 600 cm^{-1} deslocaram-se para o lado do número de onda mais elevado. Este facto sugere que existe um aumento da energia de ligação entre Ti-OI.

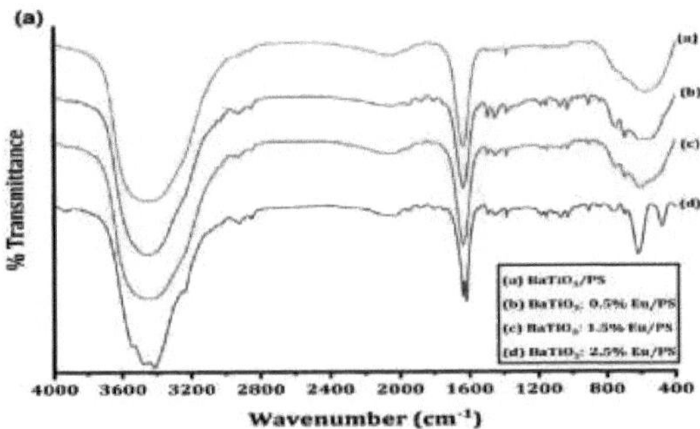

(b)

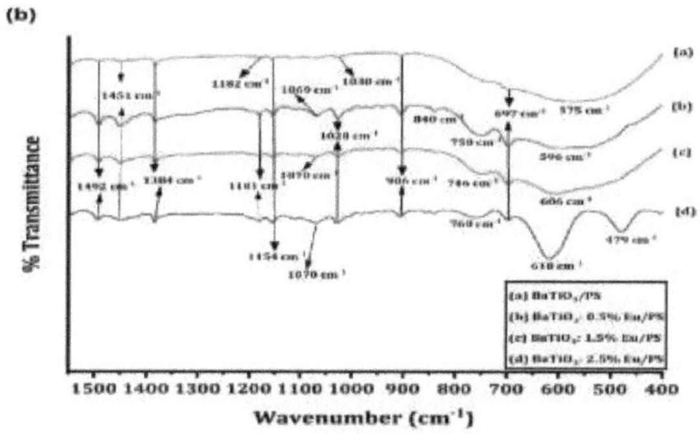

(c)

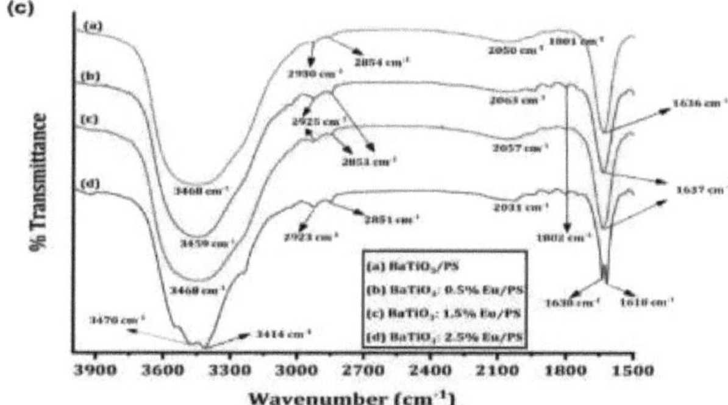

Fig.4.16: (a) Espectros FTIR completos dos nanocompósitos poliméricos $BaTiO_3$: Eu/PS (b) Região de impressão digital dos nanocompósitos de polímero $BaTiO_3$: Eu/PS (c) A região do grupo funcional dos nanocompósitos de polímero $BaTiO_3$: Eu/PS

De acordo com as estatísticas sobre o fator de tolerância, é evidente que o fator de tolerância fraccional t1 começa a diminuir após a dopagem (Tabela 4.11). Isto implica que os iões no local A estão suspensos nas suas localizações específicas. É também importante notar que, para manter a neutralidade da carga, dois iões Eu^{+3} terão de ser trocados por uma vaga Ba^{+2} . Isto resultará na criação de uma vaga Ba^{+2} . Isto resulta numa diminuição da quantidade de iões de oxigénio que estão coordenados nos octaedros de Ti-O. Como consequência direta deste facto, a ligação Ti-O é encolhida, o que resulta num aumento da constante de força. O número de onda e a massa reduzida são calculados pela equação (4.24) e pela equação (4.26) que é utilizada na análise FT-IR das partículas de carga.

Tabela-4.11: Fator de tolerância Goldschmidt (t_G) com fator de tolerância fraccionada (t_1 e t_2).

Composição	t_G (eq.4.8)	t_1 (eq.4.10)	t2 (eq.4.11)
x=0.000	1.07061	1.044	0.97614
x=0.005	1.06727	1.0446	0.97875
x=0.015	1.06445	1.04257	0.9796
x=0.025	1.06034	1.03546	0.97668

Tanto a massa reduzida como a constante de força têm um impacto direto no número de onda. À medida que a concentração de Eu aumenta, há uma queda correspondente na massa que foi reduzida. A substituição de iões Eu^{+3} por iões Ba^{+2} resulta num aumento da força Coulombiana e numa diminuição do comprimento total da ligação. Isto é representado por uma redução do parâmetro de célula, o que também é verificado pelos dados de XRD. Como resultado direto deste facto, um aumento do nível de dopagem do Eu^{+3} faz com que a constante de força comece a aumentar. Após a dopagem, o impacto combinado de um aumento da constante de força e de uma diminuição da massa reduzida produz uma deslocação do número de onda, que é próximo de 618 cm^{-1} , para o lado superior do espetro, como se mostra na figura 4.15(b). As bandas de vibração de estiramento da contribuição C=C do anel aromático do poliestireno são mostradas pelos picos de absorção que ocorrem a 1492 e 1451 cm^{-1} respetivamente. As vibrações de estiramento simétricas do grupo metileno são confirmadas pelos picos de absorção em torno de 2851 cm^{-1} , enquanto as vibrações de estiramento assimétricas são confirmadas pelos picos em torno de 2925 cm^{-1} . Uma curvatura do anel aromático foi responsável pelo pico observado a 697 cm^{-1} , enquanto a curvatura aromática fora do plano -CH foi responsável pelos picos observados na vizinhança de 746 cm^{-1} . O modo de flexão fora do plano dos átomos de hidrogénio no anel fenílico do poliestireno foi determinado como sendo a causa do pico observado a 906 cm^{-1} . O pico que pode ser observado a 1638 cm^{-1} é a vibração de flexão da água que foi molecularmente adsorvida, e a banda larga que pode ser encontrada centrada a cerca de 3468 cm^{-1} é atribuída a vibrações de estiramento do hidroxilo. A observação destas bandas em todas as amostras dá credibilidade à hipótese da formação de compósitos poliméricos.

4.2.3 Microscopia eletrónica de varrimento por efeito de campo (FE-SEM) de materiais compósitos dieléctricos

Micrografias tiradas com um FE-SEM mostrando amostras compostas de $BaTiO_3$/PS puras e dopadas com Eu podem ser vistas nas Figuras 4.17(a-d). As amostras dopadas apresentaram um tamanho médio de partícula na faixa de 41-106 nm, de acordo com a pesquisa (Tabela 4.12). Nos nanocompósitos de polímero $Ba_{1-3x/2}Eu_xTiO_3$/PS, foi detectada uma diferença entre os tamanhos dos cristalitos e das partículas (Tabela 4.12). Com base nos resultados, parece que as partículas eram compostas por múltiplos cristalitos que estavam agregados.

Fig.4.17 (a-d): Micrografias FE-SEM e distribuição do tamanho das partículas. (a) Nanocompósito de polímero $BaTiO_3$/PS. (b) Nanocompósito de polímero $BaTiO_3$:0,5%Eu/PS. (c) Nanocompósito de polímero $BaTiO_3$:1,5%Eu/PS. (d) Nanocompósito de polímero $BaTiO_3$:2,5%Eu/PS

A força de aperto pode ser responsável pela agregação destes cristalitos. Utilizando a Equação (4.43), é possível estimar quantitativamente o número de cristalitos agregados. Além disso, deve notar-se que o tamanho das partículas de cada amostra de $Ba_{1-3x/2}Eu_xTiO_3/PS$ não era demasiado grande e permanecia na gama das nanofases. Quando os tamanhos das partículas de carga são comparados antes de as partículas de carga serem incorporadas no polímero, descobre-se que os tamanhos das partículas de carga variam entre 161 e 229 nm antes de serem incorporadas no polímero, como mostra a tabela 4.7 na porção de carga. A influência que a ultra-sons tem sobre o crescimento de compósitos poliméricos pode ser mostrada aqui de uma forma muito clara e concisa.

Tabela-4.12: Comparação do tamanho dos cristalitos e do tamanho das partículas

Composition	D (Scherrer) nm	D (SSP) nm	d (FESEM) nm
x=0.000	20.16	20.63	112
x=0.005	27.61	12.61	65
x=0.015	17.89	18.63	106
x=0.025	19.58	16.76	41

Durante o processo de sonicação, o compósito recebeu do sonicador a quantidade de energia equivalente, sob a forma de J/mL, que é dada pela seguinte equação

$$E = P \times t/V \tag{4.44}$$

Onde P é a potência do sonicador medida em Watts, t é a quantidade de tempo gasto na sonicação da solução medida em segundos e V é o volume total da solução que está a ser sonicada.

A fim de criar nanocompósitos de polímero, as condições de síntese de início incluíram uma potência de 140 W, um período de sonicação de 1800 s, e um volume de solução de 25 mL. Assim, a quantidade de energia de sonicação que foi utilizada em cada amostra foi de 10,08 kJ/mL. A cavitação acústica pode ser responsável pela desaglomeração das partículas de enchimento, que ocorreu como resultado de as amostras serem submetidas a tratamento ultrassónico posteriormente. O processo de cavitação acústica envolve a formação de bolhas no interior de um meio, o seu movimento através do meio e o seu subsequente rebentamento como resultado da compressão e rarefação. Durante o processo de rebentamento da bolha, tanto a pressão como a temperatura disparam para níveis extremos. O rebentamento da bolha também resulta na produção de ondas de choque, que têm o potencial de fraturar as partículas de enchimento. Além disso, o ritmo a que a substância está a ser arrefecida é bastante rápido, o que dificulta os processos de cristalização e aglomeração. Como consequência direta deste facto, o tamanho das partículas que pode ser alcançado por ultra-sons é efetivamente reduzido.

4.2.4 Estudo ótico - Absorção no ultravioleta-visível (UV-Visível) Espectroscopia de compósitos

Os espectros de absorção que o nanocompósito polimérico $BaTiO_3$: Eu/PS é apresentado na Figura 4.18.

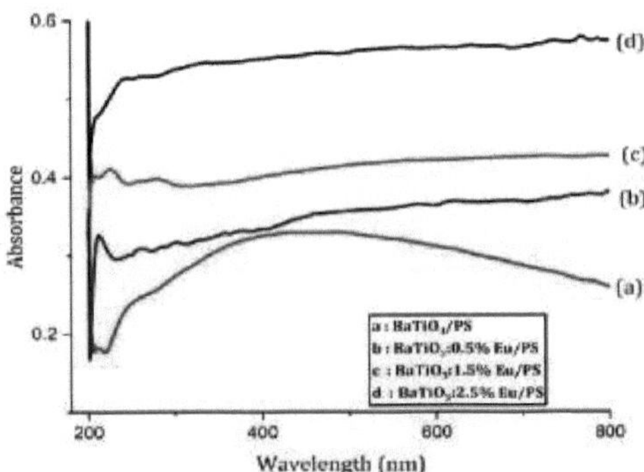

Fig.4.18: Os espectros de absorvância para o nanocompósito de polímero $BaTiO_3$: Eu/PS

Formaram-se ombros nas amostras na região de 240-280 nm, o que pode estar relacionado com uma ligação entre os anéis fenílicos próximos contidos na matriz de poliestireno. Esta interação pode ter ocorrido porque as amostras foram medidas a diferentes temperaturas. A flexibilidade da cadeia de poliestireno permitiu esta rotação dos anéis fenílicos em torno da ligação C-C. É também importante salientar que quando a concentração de Eu aumenta, há um aumento correspondente na absorvância. Este comportamento pode ser explicado pelo aumento dos níveis de dadores que foram criados como consequência da dopagem com Eu. À medida que a concentração de Eu começa a aumentar, será introduzido um número crescente de níveis dadores e a transferência de electrões dos níveis dadores para a banda de condução resultará num aumento da quantidade de absorção. Com base nesta constatação, parece que os nanocompósitos de polímero $BaTiO_3$: Eu/PS têm potencial para serem materiais úteis para aplicações que envolvam a filtragem da radiação ultravioleta e o bloqueio da radiação ultravioleta. A relação de Tauc é uma relação formada pelo gap ótico (também conhecido como E_g) e o coeficiente de absorção (também conhecido como α), e é representada pela seguinte relação:

$$\alpha h\upsilon = \beta\,(h\upsilon - Eg)^n \qquad (4.45)$$

Em que β e n são constantes. O coeficiente de absorção (α) é dado por 2,303A/t, em que A e t representam a absorvância e a espessura da amostra, respetivamente. O expoente "n" varia consoante a transição eletrónica seja direta ou indireta. n = 2 ou 1/2 é utilizado para transições indirectas e diretas permitidas. No presente trabalho, apenas são consideradas as transições diretas (n = 1/2), pelo que a Equação (4.45) pode ser escrita como:

$$(\alpha h\upsilon)^2 = \beta(h\upsilon - E_g) \qquad (4.46)$$

A relação entre $(\alpha h\upsilon)^2$ & hυ é apresentada na Figura 4.19(a-d). De acordo com os resultados, os valores do intervalo de banda ótica direta do poliestireno diminuem à medida que a fração de nanopartículas de carga de titanato de bário dopado com európio aumenta. Este foi o caso em comparação com estudos anteriores (Tabela 4.8). Verificou-se uma diminuição contínua da banda de energia com o aumento das concentrações de dopagem com európio, como se mostra na tabela 4.13.

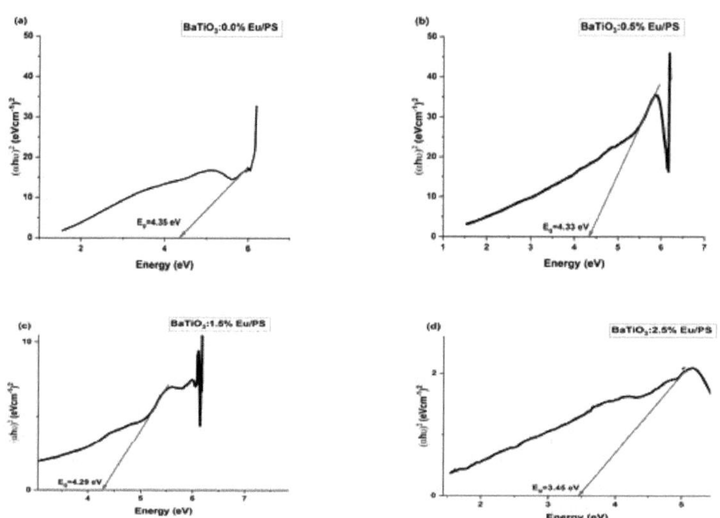

Fig.4.19 (a-d): Gráfico de Tauc de (a) $BaTiO_3$/PS. (b) $BaTiO_3$: 0,5%Eu/PS. (c) $BaTiO_3$:

1,5%Eu/PS. (d) BaTiO3: 2,5%Eu/PS.

Esta redução do intervalo de banda ótica pode ser explicada considerando o intervalo de banda ótica das partículas de enchimento, bem como o intervalo de banda ótica da matriz de poliestireno. O poliestireno e o titanato de bário têm ambos um intervalo de banda ótica de 4,4 electrões-volt, enquanto o intervalo de banda do titanato de bário é de 3,2 electrões-volt. As partículas de enchimento são introduzidas numa matriz de poliestireno para aumentar o grau de desordem já presente na matriz e aumentar o grau de flexibilidade das cadeias poliméricas.

Tabela-4.13: Energia do intervalo de banda ótica (Eg) para cerâmicas de TiO3 Ba1-3x/2Eux.

Composition	Eg (eV)
x=0.000	4.35
x=0.005	4.33
x=0.015	4.29
x=0.025	3.45

Além disso, de acordo com a nomenclatura Kroger-Vink para esta substituição, a criação de vagas Ba resulta da substituição de iões Eu^{+3} por iões Ba^{+2} .

$$Eu_2O_3 \xrightarrow{BaTiO_3} 2Eu_{Ba}^{\bullet} + V_{Ba}'' + 3O_O^{\times} \tag{4.47}$$

Esta substituição diminui a constante de rede e provoca distorções nos octaedros do TiO6, ambas verificadas pelos dados de XRD. Como resultado da distorção dos octaedros do TiO6, são introduzidos níveis de defeitos sub-electrónicos no intervalo de banda ótica, o que leva a uma diminuição da energia do intervalo de banda.

CAPÍTULO-5

CONCLUSÕES

Esta tese está essencialmente relacionada com o comportamento estrutural, ótico e dielétrico de nanocompósitos poliméricos (PNCs), nos quais a fase de carga/polímero foi distribuída aleatoriamente sob a forma de partículas. Embora historicamente os compósitos tenham sido fabricados tendo em mente qualidades como a resistência mecânica, a ideia de materiais compósitos foi alargada para incluir utilizações na indústria eléctrica. Estes compósitos são constituídos por uma matriz polimérica que contém uma segunda fase, frequentemente nanopartículas dieléctricas, espalhadas por ela. Estes PNCs são materiais leves que combinam a processabilidade intrínseca dos polímeros com as qualidades dieléctricas do material de enchimento. Por outras palavras, misturam o melhor dos dois mundos. Têm uma multiplicidade de utilizações potenciais, incluindo escudos de interferência electromagnética (EMI), armazenamento de dados informáticos, distribuição controlada de medicamentos, entre outros. Este trabalho foi realizado com a intenção de preparar nanocompósitos de polímeros dieléctricos, abreviados como DPNCs. Os principais objectivos deste trabalho de investigação foram sintetizar cargas de nanopartículas de BaTiO3 dopadas com Eu^{+3} e fabricar materiais nanocompósitos de polímeros dieléctricos. Além disso, estudar as propriedades estruturais, ópticas e dieléctricas do material de enchimento e do material compósito.

Foi utilizada a abordagem de reação em estado sólido para produzir nanopartículas de BaTiO3. Observou-se que a fase mais pura do material de enchimento foi obtida a 800^0 C de temperatura de calcinação. Também se recomendou a fase anatase do TiO2 para obter nanopartículas a uma temperatura de reação mais baixa. A análise XRD demonstra que as amostras de BaTiO3 puro e dopado com európio estão em fase cúbica e que as amostras são policristalinas por natureza. A natureza policristalina das amostras é também confirmada por padrões de difração de electrões de área selecionada (SAED). . Existe uma variação marginal no volume das células entre os nossos resultados e a investigação efectuada no passado para o BaTiO3. Esta disparidade pode ser atribuída ao efeito de confinamento do tamanho, que se deve ao elevado rácio superfície/volume das nanopartículas. A tensão superficial e a energia superficial destes tipos de partículas ultrafinas são ambas suficientemente elevadas quando comparadas com outros tipos de partículas ultrafinas. Quando o tamanho dos materiais diminui, o rácio superfície-volume aumenta. As partículas de superfície têm uma tensão superficial e um valor de energia superficial elevados. Para reduzir a energia de superfície, as partículas começam a encolher, resultando numa diminuição do tamanho da célula unitária. Isto leva a uma tendência para a contração da rede, o que acaba por resultar numa diminuição do volume da célula. Além disso, a substituição dos iões Ba^{+2} por iões Eu^{+3} de menor raio iónico provoca uma redução do volume celular. Observou-se um aumento do volume celular para o nível de concentração x=0,025. Deve-se ao aparecimento de constituintes que não reagiram a níveis de dopagem mais elevados e é atribuído ao mecanismo de compensação de cargas nos locais B. A redução da carga catiónica no local B reduz a atração Coulombiana. Como resultado, o relaxamento da rede pode causar um aumento nos parâmetros da rede. O tamanho dos cristais foi estimado por diferentes métodos que incluem a fórmula de Scherrer, a abordagem W-H, a SSP e a abordagem W-H. As abordagens W-H foram consideradas as mais adequadas para a determinação do tamanho dos cristalitos e estão em boa concordância com os dados HR TEM. O titanato de bário puro apresenta a maior deformação, o que se deve ao efeito do tamanho das partículas, uma vez que no BT puro não existem impurezas estranhas. O aumento da deformação nas amostras dopadas não pode ser atribuído a defeitos de vacância devidos à dopagem. O európio apresenta uma solubilidade limitada na rede hospedeira de titanato de bário à medida que a dopagem aumenta, apresentando fases secundárias de óxido de európio, ortotitanato de bário e carbonato de bário a x = 0,025, confirmadas pelo difractograma XRD. Os dados de EDX e de FTIR confirmam a presença de európio no titanato de bário a concentrações mais elevadas. O intervalo de banda ótica do titanato de bário puro foi menor do que o do titanato de bário em massa, o que é uma consequência direta da maior deformação e também da redução do tamanho dos cristais. Também as amostras dopadas com európio mostram uma diminuição do intervalo de banda em comparação com o titanato de bário puro. Para x = 0,005 e 0,015 o intervalo de banda diminui e para x = 0,025 aumenta. Este comportamento é atribuído à formação de vacâncias de Ba no sítio A. Consequentemente, ocorre a distorção dos octaedros de TiO6, que introduzem níveis de defeitos subelectrónicos e ocorre a redução do intervalo de banda. O aumento do intervalo de banda para a concentração x = 0,025 deve-se à presença de fases secundárias. A concentrações elevadas, o aumento do número de electrões livres na banda de condução bloqueia os estados de energia mais baixos. Assim, o intervalo de banda aumenta. A energia de Urbach (E_u) está relacionada com as bandas de defeito formadas no intervalo de banda. Obtém-se uma diferença acentuada na energia de Urbach em amostras puras e dopadas. Esta diferença entre as amostras dopadas é pequena em comparação com o titanato de bário puro e pode ser explicada pela formação de estados intermédios após a dopagem com európio. Os resultados do FE-SEM indicam que as partículas de carga são constituídas por vários cristalitos agregados. Todas as amostras de carga mostram uma constante dieléctrica quase constante na gama de frequências de 1 kHz a 2 MHz à temperatura ambiente. O baixo valor da constante dieléctrica das cerâmicas confirma a coexistência de um contorno de grão não-ferroelétrico ou de camadas mortas. O fator de dissipação dependente da frequência apresentou valores baixos devido à polarização por relaxamento. O aumento da porosidade com o aumento da concentração de dopagem pode ser o outro fator que aumenta o fator de dissipação com a concentração de dopagem. A resposta dieléctrica em função da temperatura é a mesma para todas as amostras. A diminuição da constante dieléctrica com o aumento da frequência é uma consequência da redução da polarização da carga espacial.

Os nanocompósitos de polímeros dieléctricos (DPNCs) foram fabricados com sucesso através da técnica de evaporação de solventes. A formação de DPNCs é apoiada por evidências de XRD e espetroscopia FTIR. O XRD confirmou a presença de fases cristalinas de BaTiO3 puro e dopado com Eu, juntamente com a presença de uma fase amorfa de poliestireno. O tamanho dos cristais estimado a partir das diferentes abordagens foi muito mais pequeno do que o tamanho das partículas. Este facto pode ser atribuído ao processo de nucleação do cristalito. Comparando o tamanho médio dos cristalitos/partículas do material de enchimento e do compósito, verificou-se uma diminuição em todas as abordagens dos dados HR TEM e FE-SEM. A redução do tamanho dos cristalitos/partículas é atribuída ao tratamento ultrassónico dado à amostra de compósito. Isto pode ser atribuído ao processo de cavitação acústica devido à ultrassonografia. Além disso, um valor elevado de tensão provoca uma redução do tamanho dos cristais. O intervalo de banda de energia ótica obtido a partir dos gráficos de Tauc revela uma caraterística decrescente à medida que a quantidade de dopagem aumenta. A inclusão de partículas de carga numa matriz de poliestireno é responsável pela redução do intervalo de banda ótica do nanocompósito polimérico. A presença de partículas de carga resulta em níveis de energia localizados na matriz polimérica. O aumento do teor de Eu introduz níveis de defeitos sub-electrónicos no interior do intervalo de banda ótica do titanato de bário, o que faz com que o intervalo de banda ótica dos nanocompósitos poliméricos diminua ainda mais. Embora o tamanho das partículas e a deformação tenham um efeito no intervalo de banda, as nossas amostras não demonstram qualquer influência direta destas caraterísticas. Os espectros de absorção dos nanocompósitos de polímero não apresentam quaisquer picos no espetro visível. Esta descoberta implica que o material pode ser empregue como filtro UV ou bloco de proteção UV.

CAPÍTULO-6

APLICAÇÕES DOS NANOCOMPÓSITOS

Um tipo de materiais denominados nanocompósitos, que são constituídos por nanopartículas dispersas numa matriz, tornou-se um tema de vanguarda com uma vasta gama de utilizações em vários sectores. As qualidades complementares do material da matriz e das nanopartículas de enchimento dão origem às qualidades especiais dos nanocompósitos. Este capítulo examina as muitas utilizações dos nanocompósitos e destaca a sua importância para melhorar as qualidades mecânicas, térmicas, eléctricas e de barreira dos materiais modernos.

Aplicações em aeronaves:

Os nanocompósitos têm sido amplamente utilizados no sector aeronáutico, onde os materiais leves e de elevada resistência são essenciais. Quando adicionados a matrizes poliméricas, os nanotubos de carbono (CNT) e as nanoplaquetas de grafeno aumentam as caraterísticas mecânicas e reduzem o peso, reforçando simultaneamente a integridade estrutural. Devido à sua melhor condutividade térmica, os nanocompósitos também são adequados para aplicações em aeronaves, uma vez que podem ajudar a dispersar o calor produzido durante voos rápidos.

Setor automóvel:

Os nanocompósitos desempenham um papel fundamental na modernização do sector automóvel, resolvendo questões como a eficiência do combustível, a segurança e os efeitos ambientais. A incorporação de nanopartículas, como os nanotubos de argila ou o grafeno, em polímeros à base de polímeros resulta em componentes leves e robustos, que contribuem para uma maior economia de combustível. Além disso, as qualidades retardadoras de chama de alguns nanocompósitos melhoram a segurança dos veículos.

Aplicações biomédicas:

Os nanocompósitos transformaram a medicina e os cuidados de saúde. As nanopartículas incorporadas em polímeros biocompatíveis, como a prata, o ouro ou os pontos quânticos, proporcionam caraterísticas únicas para a administração de medicamentos, imagiologia e diagnóstico. Para além disso, os nanocompósitos oferecem potencial para a engenharia de tecidos, uma vez que fornecem suportes com caraterísticas mecânicas e biológicas específicas que estimulam a proliferação celular e a regeneração de tecidos.

Eletrónica e optoelectrónica:

Os nanocompósitos estão a fazer grandes avanços no sector da eletrónica. As nanopartículas à base de carbono, como os nanotubos de carbono (CNT) e o grafeno, são incorporadas em polímeros condutores para melhorar a condutividade eléctrica e a dissipação de calor nos dispositivos electrónicos. Os pontos quânticos em nanocompósitos permitem a criação de díodos emissores de luz (LED) e fotodetectores eficientes e controláveis, que têm uma influência significativa nas aplicações optoelectrónicas.

Conversão e armazenamento de energia:

O desenvolvimento de nanocompósitos contribui para o progresso das tecnologias de conversão e armazenamento de energia. As baterias, os supercapacitores e as células de combustível funcionam melhor quando estão presentes nanopartículas como polímeros condutores ou óxidos metálicos. A enorme área de superfície dos nanocompósitos e a sua condutividade melhorada tornam possível tempos de vida mais longos dos dispositivos, taxas de carga/descarga mais rápidas e densidades de energia mais elevadas.

Remediação ambiental:

Os nanocompósitos revelam potencial em aplicações de recuperação ambiental. Por exemplo, os materiais nanocompósitos que contêm nanopartículas fotocatalíticas, como o dióxido de titânio ou o óxido de zinco, podem destruir eficazmente os contaminantes na água e no ar quando expostos à luz UV. Além disso, os nanocompósitos são utilizados como adsorventes para a remoção de poluentes, demonstrando a sua promessa na resolução de problemas ambientais.

Atividade de embalagem:

Para melhorar as qualidades de barreira dos materiais, os nanocompósitos estão a ser cada vez mais utilizados no sector das embalagens. Quando as nanopartículas de argila são misturadas com matrizes de polímeros, formam nanocarreadores que melhoram a resistência dos materiais de embalagem aos gases, à humidade e a outros elementos ambientais. Ao reduzir os resíduos alimentares, não só se aumenta a vida útil dos produtos embalados, como também se diminui o seu efeito ambiental.

Construção e infra-estruturas:

Os nanocompósitos são utilizados no sector da construção para criar novos materiais mais fortes, mais resistentes e amigos do ambiente. As caraterísticas mecânicas dos materiais cimentícios são melhoradas através da adição de nanopartículas, como os nanotubos de carbono ou a sílica, o que resulta em estruturas mais fortes. Além disso, é possível desenvolver nanocompósitos com a capacidade de se repararem a si próprios, o que reduz a necessidade de manutenção das infra-estruturas.

BIBLIOGRAFIA

A. Altomare et al., J. Appi. Crystallogr., vol. 46, no. 4, pp. 1231-1235, 2013,

Altomare, A., Corriero, N., Cuocci, C., Falcicchio, A., Moliterni, A., & Rizzi, R. (2015). Journal of Applied Crystallography, 48(2), 598-603. **Andonovska, N., Rendevski, S., & Prendzov, S. (2002).** Boletim dos Químicos e Tecnólogos da Macedónia, 21(1), 17-22.

Badapanda, T., Senthil, V., Panigrahi, S., & Anwar, S. (2013). Journal of Electroceramics, 31, 55-60. https://doi.org/10.1007/S10832-013-9808-X **Barzic, R. F., Barzic, A. I., & Dumitrascu, G. (2014).** . UPB Sci. Bull, 76, 225-234.

Bhargavi, G. N., Khare, A., Badapanda, T., Anwar, M. S., & Brahme, N. (2017). Jornal de Ciência dos Materiais: Materiais em Eletrónica, 28, 16956-16964.

Bo, R., Wang, J., Wang, C., Wang, Y., He, P., & Han, Z. (2023). Materials Today Communications, 34, 105247.

Boorman, O., Hosier, I. L., Praeger, M., Torah, R., Vaughan, A. S., Andritsch, T., Swingler, S. G., & Topham, J. (2014). Conferência IEEE sobre isolamento elétrico e fenómenos dieléctricos (CEIDP), 707-710. **Borah, M., & Mohanta, D. (2014).** Applied Physics A, 115, 1057-1067.

Brehm, J. A., Bennett, J. W., Schoenberg, M. R., Grinberg, I., & Rappe, A.M. (2014). The Journal of Chemical Physics, 140(22), 224703.

Brutchey, R. L., Cheng, G., Gu, Q., & Morse, D. E. (2008). Advanced Materials, 20(5), 1029-1033.

Bunaciu, A. A., Udriştioiu, E. gabriela, & Aboul-Enein, H. Y. (2015). Revisões críticas em química analítica, 45 (4), 289-299.

Cai, W., Fu, C., Gao, J., Deng, X., Chen, G., & Lin, Z. (2012). Integrated Ferroelectrics, 140(1), 92-103.

Callister, W. D. (2000). Fundamentals of materials science and engineering (Vol. 471660817). Wiley London.

Cao, X. T., Showkat, A. M., Lee, W.-K., & Lim, K. T. (2015). Cristais Moleculares e Cristais Líquidos, 622(1), 36-43.

Choi, H.-W., Heo, Y.-W., Lee, J.-H., Kim, J.-J., Lee, H.-Y., Park, E.-T., & Chung, Y.-K. (2006). Applied Physics Letters, 89(13), 132910.

Choudhury, B., & Choudhury, A. (2013). Current Applied Physics, 13(1), 217-223.

Coates, J. (2006). Em R. A. Meyers (Ed.), Encyclopedia of Analytical Chemistry (p. a5606). John Wiley & Sons, Ltd.

Culver, S. P., Stepanov, V., Mecklenburg, M., Takahashi, S., & Brutchey, R. L. (2014). Chemical Communications, 50(26), 3480-3483. **Davis, E. A., & Mott, Nf. (1970).** Philosophical Magazine, 22(179), 09030922.

Efeito das nanopartículas de ZnO e da temperatura na constante dieléctrica/propriedades de perda de filmes nanocompósitos de poliestireno 2023 Elena, A., Gozescu, I., Dabici, A., Sfirloaga, P., & Szabadai, Z. (2012). Em J. Uddin (Ed.), Macro To Nano Spectroscopy. InTech.

Elissalde, bC, & Ravez, J. (2001). Journal of Materials Chemistry, 11(8), 1957-1967.

Emelianov, N. (2015). The European Physical Journal Applied Physics, 69(1), Artigo 1.

Feynman, Richard P (1960). There's Plenty of Room at the Bottom (Há muito espaço no fundo). Engenharia e Ciência, 23 (5). pp. 22-36. ISSN 0013-7812.

Fuentes, S., Espinoza-González, R., Rosales, M., & León, J. (2020). Journal of Alloys and

Compounds, 846, 156452.

Fuentes, S., Valenzuela, J., León, J., Guzmán-Salas, S., Zárate, R. V., & Arancibia, D. (2023). Jornal Internacional de Macromoléculas Biológicas, 235, 123796.

Gad, S. A., Abomostafa, H., Selim, M. M., & Moez, A. A. (2021). Biointerface Res. Appl. Chem, 12, 170-179.

Gao, L.-J., Liu, X.-L., Zhang, J.-Q., Wang, S.-Q., & Chen, J.-F. (2004). Materials Chemistry and Physics, 88(1), 27-31.

Gao, R., Qin, X., Wu, H., Xu, R., Liu, L., Wang, Z., Fu, C., Cai, W., Chen, G., & Deng, X. (2019). Materials Research Express, 6(10), 106317. **Gaponenko, N., Parafinyuk, D., Kholov, P., Raichenok, T., &**

Prislopski, S. (2020). Jornal de dieléctricos avançados, 10(03), 2050005.

García, C. R., Oliva, J., Romero, M. T., Ochoa-Valiente, R., & Trujillo, L. A. (2015). Avanços em Ciência e Engenharia de Materiais, 2015.

García-Hernández, M., García-Murillo, A., Carrillo-Romo, F. de, Jaramillo-Vigueras, D., Chadeyron, G., De la Rosa, E., & Boyer, D. (2009). Revista Internacional de Ciências Moleculares, 10(9), 4088-4101. **Garrido-Hernández, A., García-Murillo, A., de J Carrillo-Romo, F., Cruz-Santiago, L. A., Chadeyron, G., de J Morales-Ramírez, A., & Velumani, S. (2014).** Journal of Rare Earths, 32(11), 1016-1021.

Ghosh, S. K., Ganguly, M., Rout, S. K., & Sinha, T. P. (2014). Journal of Materials Science, 49, 5441-5453.

Goldman, A. (2006). Tecnologia moderna de ferrite. Springer Science & Business Media.

Goldschmidt, V. M. (1926). Die gesetze der krystallochemie. Naturwissenschaften, 14(21), 477-485.

Hanulíková, B., Capková, T., Antos, J., Sevcík, J., Urbánek, P., Urbánek, M., & Kuritka, I. (2021). Actas da Conferência NANOCONConConferência Internacional sobre Nanomateriais.

Hernández-Lara, J. P., Pérez-Labra, M., Barrientos-Hernández, F. R., Romero-Serrano, J. A., Hernández-Ramírez, A., Reyes-Pérez, M., Juárez-Tapia, J. C., Teja-Ruiz, A. M., Reyes-Cruz, V. E., & Ramírez-Castellanos, J. C. (2020). S Characterization of Minerals, Metals, and Materials 2020, 723-729.

Hwang, K.-S., Jeon, Y. S., Hwangbo, S., & Kim, J.-T. (2015). Journal of Ceramic Processing Research, 16, 176-179.

Ismail, F. A., Osman, R. A. M., & Idris, M. S. (2016). Revisão sobre as propriedades dielétricas do titanato de bário dopado com terras raras. 090005.

Ismail, S. F., Sahar, M. R., & Ghoshal, S. K. (2016). Caracterização de Materiais, 111, 177-182.

Issa, S. AM., Zakaly, H. M. H., Pyshkina, M., Mostafa, M. Y. A., Rashad, M., & Soliman, T. S. (2021). Física e Química da Radiação, 180, 109281.

Jain, A., & Panwar, A. K. (2020). Ceramics International, 46(8), 1027010278.

Jia, Y. Q. (1991). Journal of Solid State Chemistry, 95(1), 184-187.

Jiang, L. Q., Guo, J. K., Liu, H. B., Zhu, M., Zhou, X., Wu, P., & Li, C.

H. **(2006).** Journal of Physics and Chemistry of Solids, 67(7), 1531-1536.

Jin, X., Sun, D., Zhang, M., Zhu, Y., & Qian, J. (2009). Journal of

I. Electrocerâmica, 22, 285-290.

Jo, S. K., Park, J. S., & Han, Y. H. (2010). Journal of Alloys and Compounds, 501(2), 259-264.

Karvounis, A., Timpu, F., Vogler-Neuling, V. V., Savo, R., & Grange, R. (2020). Advanced Optical Materials, 8(24), 2001249.
Kumari, A., Kumari, K., Ahmed, F., Alshoaibi, A., Alvi, P. A., Dalela, S., Ahmad, M. M., Aljawfi, R. N., Dua, P., & Vij, A. (2021). Vacuum, 184, 109872.
Lee, K. T., Osman, R. A. M., & Poopalan, P. (2021). Journal of NonCrystalline Solids, 553, 120515.
Lemanov, V. V. (1999). Ferroelectrics, 226(1), 133-146.
Li, Y., Yao, X., Yao, Y., Zhang, L., & Shen, B. (2007). Ferroelectrics, 356(1), 102-107.
Li, Y., Zhang, Z., Chen, Y., & Hall, D. A. (2018). Ata Materialia, 160, 199-210
Investigação estrutural local de nanocristais de BaTiO3 dopados com Eu3+- Nanoscale (RSC Publishing). 2023,
López, M. del C. B., Fourlaris, G., Rand, B., & Riley, F. L. (1999). Journal of the American Ceramic Society, 82(7), 1777-1786.
Lu, D.-Y., Koda, T., Suzuki, H., & Toda, M. (2005). Journal of the Ceramic Society of Japan, 113(1323), 721-727.
Lu, D.-Y., Li, X.-C., Toda, M., Wang, X.-F., & Sun, X.-Y. (2009). Journal of the Ceramic Society of Japan, 117(1367), 828-831.
Lu, D.-Y., & Liang, Y. (2018). Ceramics International, 44(12), 1471714727.
Lu, D.-Y., Ogata, T., Unuma, H., Li, X.-C., Li, N.-N., & Sun, X.-Y. (2011). Solid State Ionics, 201(1), 6-10.
Manipulação magnética de nanochains Fe3O4@BaTiO3 para regular pistas topográficas e eléctricas extracelulares-ScienceDirect 2023, Mahapatra, A., Parida, S., Sarangi, S., & Badapanda, T. (2015). Jom, 67, 1896-1904.
Maison, W., Kleeberg, R., Heimann, R. B., & Phanichphant, S. (2003). Journal of the European Ceramic Society, 23(1), 127-132.
Majumder, M., Choudhary, R. B., Thakur, A. K., & Karbhal, I. (2017). RSC Advances, 7(32), 20037-20048.
Makovec, D., Samardzija, Z., & Drofenik, M. (2004). Journal of the American Ceramic Society, 87(7), 1324-1329.
Mallick, S., Ahmad, Z., Qadir, K. W., Rehman, A., Shakoor, R. A., Touati, F., & Al-Muhtaseb, S. A. (2020). Ceramics International, 46(3), 2949-2953.
Maneeshya, L. V., Lekshmy, S. S., Thomas, P. V., & Joy, K. (2014). Jornal de Ciência dos Materiais: Materiais em Eletrónica, 25, 2507-2515.
Margarita, G.-H., Chadeyron, G., Boyer, D., García Murillo, A., Carrillo-Romo, F., & Mahiou, R. (2013). Nano-Micro Letters, 5, 57-63.
Maxwell, J. C. (1873). A treatise on electricity and magnetism (Vol. 1). Oxford: Clarendon Press.
Miao, J., Hu, C., Liu, H., & Xiong, Y. (2008). Materials Letters, 62(2), 235-238.
Moreira, R. L., & Dias, A. (2007). Jornal de Física e Química dos Sólidos, 68(8), 1617-1622.
Morgan, A. B., & Gilman, J. W. (2003). Journal of Applied Polymer Science, 87(8), 1329-1338.
Morrison, S. A., Cahill, C. L., Carpenter, E. E., Calvin, S., & Harris, V. G. (2003). Journal of Applied Physics, 93(10), 7489-7491.
Nair, K. M., Suvorov, D., Schwartz, R. W., & Guo, R. (2009). Advances in Electroceramic Materials (Avanços em Materiais Electrocerâmicos). John Wiley & Sons.

Nath, D., Singh, F., & Das, R. (2020). Materials Chemistry and Physics, 239, 122021.

Nayak, S., Sahoo, B., Chaki, T. K., & Khastgir, D. (2013). RSC Advances, 4(3), 1212-1224.

Nicolais, L., & Carotenuto, G. (2004). Nanocompósitos metal-polímero. John Wiley & Sons.

Olmos, D., Martín, E. V., & González-Benito, J. (2014). Físico-Química Física Química, 16(44), 24339-24349.

Oraibi, F. H., & Kadhim, R. G. (2022). Materials Today: Proceedings, 61, 839-842.

Oshime, N., Kano, J., Ikeda, N., Teranishi, T., Fujii, T., Ueda, T., & Ohkubo, T. (2016). Journal of Applied Physics, 120(15), 154101.

Ostos, C., Mestres, L., Martínez-Sarrión, M. L., Garcia, J. E., Albareda, A., & Perez, R. (2009). Ciências do Estado Sólido, 11(5), 1016-1022.

Padalia, D., Bisht, G., Johri, U. C., & Asokan, K. (2013a). Ciências do Estado Sólido, 19, 122-129.

Padalia, D., Bisht, G., Johri, U. C., & Asokan, K. (2013b). Ciências do Estado Sólido, 19, 122-129.

Padalia, D., Johri, U. C., & Zaidi, M. G. H. (2012). Physica B: Matéria Condensada, 407(5), 838-843.

Panomsuwan, G., & Manuspiya, H. (2019). Materials Research Express, 6(6), 065062.

Park, S.-E., Wada, S., Cross, L. E., & Shrout, T. R. (1999). Journal of Applied Physics, 86(5), 2746-2750.

Petrovic, M. V., Bobic, J. D., Ramoska, T., Banys, J., & Stojanovic, B. D. (2011). . Materials Characterization, 62(10), 1000-1006.

Pithan, C., Katsu, H., & Waser, R. (2020). Química Física Química Física, 22(15), 8219-8232.

Proust, C., Husson, E., Blondiaux, G., & Coutures, J. P. (1994). Journal of the European Ceramic Society, 14(3), 215-219.

Pu, Y., Chen, W., Chen, S., & Langhammer, H. T. (2005). Cerâmica, 51, 214-218.

Pyykkö, P., & Atsumi, M. (2009). Chemistry - A European Journal, 15(1), 186-197.

Qi, L., Lee, B. I., Chen, S., Samuels, W. D., & Exarhos, G. J. (2005). Materiais Avançados, 17(14), 1777-1781.

Rached, A., Wederni, M. A., Belkahla, A., Dhahri, J., Khirouni, K., Alaya, S., & Martín-Palma, R. J. (2020). Physica B: Matéria Condensada, 596, 412343.

Raddaoui, Z., Smiri, B., Maaoui, A., Dhahri, J., M'ghaieth, R., Abdelmoula, N., & Khirouni, K. (2018). RSC Advances, 8(49), 2787027880.

Ramakanth, S., & James Raju, K. C. (2014). Jornal de Física Aplicada, 115(17), 173507

Rao, C. N. R. (1963). Chemical Applications of Infrared Spectroscopy (Aplicações Químicas da Espectroscopia de Infravermelhos). Academic Press, Nova Iorque.

Rath, M. K., Pradhan, G. K., Pandey, B., Verma, H. C., Roul, B. K., & Anand, S. (2008). Materials Letters, 62(14), 2136-2139.

Reaney, I. M., Colla, E. L. C. E. L., & Setter, N. S. N. (1994). Jornal Japonês de Física Aplicada, 33(7R), 3984.

Reddy, S. B., Rao, K. P., & Rao, M. R. (2011). Journal of Alloys and Compounds, 509(4), 1266-1270.

Richard W. Siegel & Gretchen E. Fougere (1995). Nanostructured Materials Volume 6, números 1-4,205-216

Romero, G., & Moya, S. E. (2012). Fronteiras da Nanociência (Vol. 4, pp. 115-141)

S. W. B. P. Straughan, Spectroscopy Volume 2, John Wiley & Sons, T. Ltd, 1976.

Salaoru, I., & Paul, S. (2009). Philosophical Transactions of the Royal Society A: Mathematical, Physical and Engineering Sciences, 367(1905), 4227-4234.

Scott, J. F. (2007). Aplicações da ferroeléctrica moderna. Science, 315(5814), 954-959.

Serna-Gallén, P., Beltrán-Mir, H., Cordoncillo, E., West, A. R., Balda, R., & Fernández, J. (2019). Jornal de Química de Materiais C, 7(44), 13976-13985.

Shannon, R. D. (1976). Ata Crystallographica Section A: Crystal Physics, Diffraction, Theoretical and General Crystallography, 32(5), 751767. **Singh, V., Bamzai, K. K., & Suri, S. (2011).** Ceramics International, 37(7), 2655-2662.

Sitko, D., B⅞k, W., Garbarz-Glos, B., Kulinska, A., Antonova, M., Kalvane, A., & Smiga, W. (2015a). Ferroelectrics, 485(1), 58-62.

Sitko, D., B⅞k, W., Garbarz-Glos, B., Kulinska, A., Antonova, M., Kalvane, A., & Smiga, W. (2015b). Ferroelectrics, 485(1), 58-62.

Smith, E., Skapin, S., & Ubic, R. (2020). Journal of Alloys and Compounds, 836, 155475.

Song, Y.-L., Liu, X.-L., Zhang, J.-Q., Zou, X.-Y., & Chen, J.-F. (2005). Powder Technology, 155(1), 26-32.

Soni, S., Kumar, S., Dalela, B., Kumar, S., Alvi, P. A., & Dalela, S. (2018). Journal of Alloys and Compounds, 752, 520-531.

Sun, W. (2006). Jornal de Física Aplicada, 100(8), 083503.

Supriyatno, H., Nakagawa, K., & Sadaoka, Y. (2001). Sensores e Actuadores B: Químicos, 76(1-3), 36-41.

Tan, Y., Zhang, J., Wu, Y., Wang, C., Koval, V., Shi, B., Ye, H., McKinnon, R., Viola, G., & Yan, H. (2015). Scientific Reports, 5(1), Artigo 1.

Tauc, J. (1974). Amorphous and Liquid Semiconductors, 159-220.

Tauc, J., Grigorovici, R., & Vancu, A. (1966). Physica status solidi (b), 15(2), 627-637.

Tsur, Y., Dunbar, T. D., & Randall, C. A. (2001). Jornal de Electrocerâmica, 7, 25-34.

Ubic, R. (2007). Journal of the American Ceramic Society, 90(10), 33263330.

Ubic, R., Tolman, K., Chan, K., Lundy, N., Letourneau, S., & Kriven, W. M. (2013). Journal of Alloys and Compounds, 575, 239-245.

Ubic, R., Tolman, K., Talley, K., Joshi, B., Schmidt, J., Faulkner, E., Owens, J., Papac, M., Garland, A., Rumrill, C., Chan, K., Lundy, N., & Kungl, H. (2015). Journal of Alloys and Compounds, 644, 982-995.

Uslu, i., Aytimur, A., Öztürk, M. K., & Koçyigit, S. (2012). Ceramics International, 38(6), 4943-4951.

Verma, A. S., & Jindal, V. K. (2009). Journal of Alloys and Compounds, 485(1-2), 514-518.

Wada, S., Hoshina, T., Yasuno, H., Ohishi, M., Kakemoto, H., Tsunrmi, T., & Yashima, M. (2012). Sociedade Americana de Cerâmica, Baltimore, Maryland, EUA 2005, 174, 15.

Wang, D., Huang, M., Zha, J.-W., Zhao, J., Dang, Z.-M., & Cheng, Z. (2014). IEEE Transactions on Dielectrics and Electrical Insulation, 21(4), 1438-1445.

Wang, Y., Miao, K., Wang, W., & Qin, Y. (2017). Jornal da Sociedade Europeia de Cerâmica, 37(6), 2385-2390.

Wei, Y., Cheng, Z., & Lin, J. (2019). Revisões da Sociedade Química, 48(1), 310-350

Whatmore RW & Corbett J (1995). Nanotecnologia no mercado, Computing & Control Engineering Journal, Vol: 6, Pages: 106-107, ISSN: 0956-3385

Williamson, G. K., & Hall, W. H. (1953). Ata Metallurgica, 1(1), 22-31. **Wondu, E., Lule, Z. C., & Kim, J. (2023).** Materials Today Chemistry, 27, 101287.

Woodward, P. M. (1997). Ata Crystallographica Secção B: Ciência Estrutural, 53(1), 44-66.

Yadav, N. P., Sahu, B. B., Mahaling, R. N., Yadav, T., Tripathi, P. K., & Moharana, S. (2023). Optik, 277, 170695.

Ye, C., Yang, J., Yao, L., & Chen, N. (2002). Boletim Científico Chinês, 47, 458-460.

Yumpu.com. (n.d.). Uso da Técnica de Difração de Raios X para Caracterização de Polímeros 2022,

Zamperlin, N., Ceccato, R., Fontana, M., Pegoretti, A., Chiappini, A., & Dirè, S. (2021). Materials, 14(15), 4345.

Zeng, Z., Xu, Y., Zhang, Z., Gao, Z., Luo, M., Yin, Z., Zhang, C., Xu, J., Huang, B., & Luo, F. (2020). Chemical Society Reviews, 49(4), 11091143

Zhang, Y., Sun, X., & Lu, D. (2006). Chemical Research in Chinese Universities, 22(4), 515-519.

Zhang, Y., Wang, L., & Xue, D. (2012). Powder Technology, 217, 629633.

Printed by Books on Demand GmbH, Norderstedt / Germany